飞机制造过程腐蚀防护与控制要素分析

张勇　樊伟杰　王安东　编著

国防工业出版社
·北京·

内 容 简 介

本书通过研究和统计国内军用飞机的腐蚀状况，系统地介绍了国内外军用飞机的腐蚀现状以及军用主战机型的腐蚀规律，发现了飞机腐蚀的根本原因在于其制造材料有一个趋于较为稳定状态的趋势。详细阐述了军用飞机易发生腐蚀的部位及腐蚀的类型，分析了腐蚀产生的主要原因，并根据这些原因提出了飞机在制造过程、原材料及标准件控制、表面处理及装配过程中的腐蚀防护控制方法。同时确定了飞机机体结构外场的腐蚀损伤检查及修理要求，提出了飞机腐蚀防护控制工作的要求及标准。

本书是一本飞行器设计专业相关本科学员教材，同时也是从事飞行器设计、制造、机务等行业的科技人才参考用书。

图书在版编目(CIP)数据

飞机制造过程腐蚀防护与控制要素分析/张勇,樊伟杰,王安东编著. —北京:国防工业出版社,2023.6
ISBN 978 – 7 – 118 – 12849 – 9

Ⅰ.①飞… Ⅱ.①张… ②樊… ③王… Ⅲ.①航空材料–防腐 Ⅳ.①V250.4

中国国家版本馆 CIP 数据核字(2023)第 077771 号

※

国防工业出版社出版发行
(北京市海淀区紫竹院南路23号　邮政编码100048)
三河市众誉天成印务有限公司印刷
新华书店经售

*

开本 710 × 1000　1/16　印张 10¾　字数 185 千字
2023 年 6 月第 1 版第 1 次印刷　印数 1—1500 册　定价 66.00 元

(本书如有印装错误，我社负责调换)

国防书店:(010)88540777　　书店传真:(010)88540776
发行业务:(010)88540717　　发行传真:(010)88540762

前 言

军用飞机腐蚀是每个国家都需要面对的问题。随着飞机服役时间的增加，有效地检查出飞机结构上存在的各种腐蚀，并进行去除或修复，是延长飞机使用寿命的关键。军用飞机常处于海洋大气环境中，接触的都是含高盐、高腐蚀的空气和海水，机体受腐蚀的机会多，腐蚀性非常严重。因此，军用飞机应采用全寿命周期的腐蚀防护与控制，才能在使用寿命周期内不会因结构件的腐蚀而导致机体结构的破坏。

本书较为系统地介绍了国内外军用飞机的腐蚀现状以及军用主战机型的腐蚀规律，发现飞机腐蚀的根本原因在于其制造材料有一个趋于较为稳定状态的趋势，其中包括氧化物的生成。并且根据腐蚀原因提出了飞机在制造过程中原材料及标准件控制、表面处理及装配过程中的腐蚀防护控制方法。同时确定了飞机机体结构外场的腐蚀损伤检查及修理要求，也提出了飞机腐蚀防护控制工作的要求及标准。飞机结构的腐蚀防护与控制贯穿飞机设计、生产制造、使用维护等全寿命周期的各个环节，制造过程中的腐蚀防护与控制工作直接关系到飞机交付部队后腐蚀防护性能的优劣。由于军用工程飞机服役后将面临"高温、高湿、高盐雾"等恶劣的服役环境，在制造工程实施之前，完成制造过程中腐蚀防护与控制体系的建立及相关技术的研究是确保飞机正常服役和保持长寿命的关键。

本书通过研究和统计国内军用飞机的腐蚀状况，对于军用飞机腐蚀规律的共性问题做出有针对性的防护措施。详细阐述了飞机易发生腐蚀的部位及腐蚀类型，分析了腐蚀产生的主要原因，制定了有效的修理和预防措施，分析了飞机在某些高温、高湿、高盐等使用环境中无法顺利完成使命任务的难题，并从设计、制造、修理及维护等方面对飞机今后的防腐工作提出了一些建议，对从事飞机设计、制造的工程人员具有一定的指导作用。

参与本书编写的人员有海军航空大学青岛校区张勇、樊伟杰、王安东、李岩、卞贵学、陈跃良、黄海亮、杨文飞、王玺、李一哲、宋宇航，航空工业西安飞机工业有限公司的郑炜、陈素明。全书由张勇负责统稿。第 1 章由张勇负责编写，樊伟杰配合搜集整理国内外军用飞机腐蚀现状材料；第 2 章由樊伟杰负责撰写，张勇、宋宇航负责腐蚀控制方法的总结；第 3 章由樊伟杰负责撰写，杨文飞、张勇负责疲劳试验结果分析;第 4 章由王安东负责撰写,樊伟杰、杨文飞对暴露试验结果进行分析;第 5 章由李岩负责撰写,张勇、宋宇航负责资料搜集;第 6 章由卞贵学负责撰写,王安东、杨文飞负责装配过程中腐蚀控制的资料分析;第 7 章由陈跃良负责撰写,杨文飞、李岩负责校核;第 8 章由郑炜、陈素明负责撰写;第 9 章由陈跃良、黄海亮负责撰写;第 10 章由王玺、李一哲负责撰写。

  本书在编写过程中得到了烟台大学赵晓栋、王帅的大力协助。书中的许多资料来自国内外文献及已出版的各种手册,在此对这些作者一并致谢。

  由于编者业务水平和工作经验有限,书中存在的疏漏和不足之处,热忱希望广大读者、同行予以指正。

编者
2022 年 8 月

目 录

第1章 概述 …………………………………………………………… 1
  1.1 国内外现役军用飞机腐蚀现状 …………………………………… 1
    1.1.1 军用系列飞机腐蚀范例 ……………………………………… 2
    1.1.2 国外军用飞机电连接器腐蚀范例 …………………………… 4
  1.2 军用飞机腐蚀规律分析 …………………………………………… 4
    1.2.1 共性问题 ……………………………………………………… 4
    1.2.2 腐蚀部位所属子系统 ………………………………………… 6
    1.2.3 易腐蚀的部位和结构形式 …………………………………… 6
    1.2.4 易受腐蚀的材料 ……………………………………………… 7
    1.2.5 军用飞机腐蚀特点 …………………………………………… 7
    1.2.6 军用飞机腐蚀类型 …………………………………………… 8
  1.3 军用飞机腐蚀原因分析 …………………………………………… 11
  1.4 服役环境分析 ……………………………………………………… 12

第2章 制造过程腐蚀防护与控制现状分析 ……………………………… 15
  2.1 原材料 ……………………………………………………………… 15
  2.2 标准件 ……………………………………………………………… 16
  2.3 新材料 ……………………………………………………………… 18
  2.4 表面处理新工艺 …………………………………………………… 18

第3章 原材料控制 ………………………………………………………… 20
  3.1 一般要求 …………………………………………………………… 20
  3.2 入库要求 …………………………………………………………… 20
  3.3 库存环境要求 ……………………………………………………… 21
  3.4 库存管理要求 ……………………………………………………… 21

3.5 选材过程中的腐蚀防护控制 …………………………………… 21
   3.5.1 常用金属材料选用要求 ………………………………… 21
   3.5.2 非金属材料选用要求 …………………………………… 24
3.6 新材料选用前的性能考核 ……………………………………… 24
   3.6.1 试样介绍 ………………………………………………… 24
   3.6.2 试验要求 ………………………………………………… 28
   3.6.3 疲劳试验结果与分析 …………………………………… 29
3.7 铸造过程中控制 ………………………………………………… 49
3.8 锻造过程中的控制 ……………………………………………… 50
3.9 机械加工过程中腐蚀防护控制 ………………………………… 51
   3.9.1 常规机械加工过程腐蚀防护控制 ……………………… 51
   3.9.2 特种加工过程中腐蚀防护控制 ………………………… 51
   3.9.3 加工成型后的控制 ……………………………………… 53
3.10 热处理过程中的控制 ………………………………………… 54
   3.10.1 通用要求 ……………………………………………… 54
   3.10.2 钢的热处理控制 ……………………………………… 55
   3.10.3 铝的热处理控制 ……………………………………… 55
   3.10.4 钛合金热处理控制 …………………………………… 55
3.11 表面处理过程中的控制 ……………………………………… 55
   3.11.1 一般要求 ……………………………………………… 56
   3.11.2 表面处理零件交送要求 ……………………………… 56
   3.11.3 表面处理前的控制 …………………………………… 57
   3.11.4 预处理的控制 ………………………………………… 58
   3.11.5 表面处理操作过程中的控制 ………………………… 59
   3.11.6 电镀层的质量控制 …………………………………… 59
   3.11.7 阳极化膜及化学转化膜的质量控制 ………………… 60
   3.11.8 钛合金零件的酸洗去污 ……………………………… 61
3.12 焊接过程中的控制 …………………………………………… 61
   3.12.1 一般要求 ……………………………………………… 62
   3.12.2 钢制焊接件的表面处理 ……………………………… 62

3.12.3　铝合金焊接件的表面处理 …………………………………… 63
　　3.12.4　其他焊接件的处理 …………………………………………… 63
　　3.12.5　胶接、胶焊过程中的控制 …………………………………… 63

第4章　标准件控制 ……………………………………………………………… 65
　4.1　施加涂层过程中的控制 ………………………………………………… 65
　　4.1.1　涂料质量控制 …………………………………………………… 65
　　4.1.2　喷涂过程中的控制 ……………………………………………… 65
　　4.1.3　防护层修补控制 ………………………………………………… 66
　4.2　新标准件选用前的性能考核 …………………………………………… 66
　　4.2.1　试验件技术状态及配套清单 …………………………………… 66
　　4.2.2　典型标准件海洋大气外场暴晒试验 …………………………… 71
　　4.2.3　海洋大气环境暴露试验结果与分析 …………………………… 75
　　4.2.4　结论 …………………………………………………………… 114

第5章　机械加工工序间腐蚀防控 …………………………………………… 116
　5.1　工序间防锈 …………………………………………………………… 116
　　5.1.1　一般要求 ……………………………………………………… 116
　　5.1.2　详细要求 ……………………………………………………… 116
　　5.1.3　工序间产生锈蚀的原因及预防方法 ………………………… 118
　　5.1.4　工序间临时防护方法 ………………………………………… 118
　　5.1.5　工序间的交接 ………………………………………………… 118
　　5.1.6　工序间临时存放要求 ………………………………………… 119
　　5.1.7　工序间周转、运输过程要求 ………………………………… 120
　　5.1.8　工序间腐蚀防护处理 ………………………………………… 121
　5.2　工序间除油 …………………………………………………………… 121
　5.3　工序间清洗和干燥 …………………………………………………… 122
　　5.3.1　清洗方法 ……………………………………………………… 122
　　5.3.2　干燥方法 ……………………………………………………… 124

第6章　装配过程中腐蚀防护控制 …………………………………………… 125
　6.1　一般要求 ……………………………………………………………… 125
　6.2　装配过程垫片控制 …………………………………………………… 125

Ⅶ

  6.2.1 垫片的控制准则 …… 125
  6.2.2 垫片的设计原则 …… 126
  6.2.3 装配过程工艺垫片控制 …… 126
 6.3 装配过程强装控制 …… 127
  6.3.1 强装的判据 …… 127
  6.3.2 强装与加垫的权衡 …… 127
 6.4 装配过程中清洗除油 …… 127
 6.5 装配过程中缓蚀剂的使用要求 …… 128
  6.5.1 选用原则 …… 128
  6.5.2 一般要求 …… 128
  6.5.3 硬膜缓蚀剂选用要求 …… 129
  6.5.4 软膜缓蚀剂选用要求 …… 130
  6.5.5 电子设备缓蚀剂选用要求 …… 130
 6.6 装配后的处理 …… 131

第7章 特殊要求 …… 132
 7.1 发动机、任务系统及机载设备的腐蚀防护控制 …… 132
 7.2 异种金属接触腐蚀防护控制 …… 132
  7.2.1 异种金属接触的防护要求 …… 132
  7.2.2 绝缘隔离材料的选用 …… 132
  7.2.3 紧固件防护 …… 133

第8章 飞机机体结构外场腐蚀损伤检查 …… 134
 8.1 飞机腐蚀的表现形式 …… 134
 8.2 腐蚀通用检查方法 …… 135
 8.3 腐蚀检查路线 …… 136
 8.4 腐蚀检查时机 …… 136
 8.5 腐蚀信息采集 …… 137
 8.6 腐蚀损伤等级划分 …… 137
 8.7 腐蚀程度的分级 …… 138
 8.8 腐蚀损伤修理类别 …… 138
  8.8.1 非补强修理 …… 138

8.8.2　补强修理 …………………………………………………… 138
　　8.8.3　更换修理 …………………………………………………… 139
　　8.8.4　改装修理 …………………………………………………… 139

第9章　飞机机体结构外场腐蚀修理要求 …………………………… 140
9.1　腐蚀损伤的初步检查 ………………………………………………… 140
9.2　腐蚀部位的标记 ……………………………………………………… 140
9.3　腐蚀损伤的检测 ……………………………………………………… 140
9.4　腐蚀损伤程度的确定 ………………………………………………… 140
9.5　腐蚀损伤的评估 ……………………………………………………… 141
　　9.5.1　评估内容 ……………………………………………………… 141
　　9.5.2　评估应考虑的因素 …………………………………………… 141
9.6　腐蚀修理方案的确定 ………………………………………………… 141
　　9.6.1　腐蚀修理方案的制定 ………………………………………… 141
　　9.6.2　腐蚀修理方案的验证 ………………………………………… 142
9.7　修理前准备 …………………………………………………………… 142
9.8　腐蚀区域的清洁 ……………………………………………………… 142
9.9　金属结构表面脱漆 …………………………………………………… 142
　　9.9.1　一般要求 ……………………………………………………… 142
　　9.9.2　化学法脱漆步骤 ……………………………………………… 143
　　9.9.3　机械法脱漆步骤 ……………………………………………… 143
9.10　腐蚀清除 …………………………………………………………… 144
　　9.10.1　腐蚀清除方法 ……………………………………………… 144
　　9.10.2　金属结构表面腐蚀清除 …………………………………… 144
　　9.10.3　腐蚀修理的施工 …………………………………………… 144
9.11　腐蚀防护处理 ……………………………………………………… 144
　　9.11.1　一般要求 …………………………………………………… 144
　　9.11.2　内部金属结构的腐蚀防护处理 …………………………… 144
　　9.11.3　外部金属结构的腐蚀防护处理 …………………………… 145
9.12　腐蚀修理后的验证 ………………………………………………… 145
　　9.12.1　腐蚀修理后的检查 ………………………………………… 145

9.12.2　腐蚀修理后检测验收 ·················· 145
第 10 章　制造过程中腐蚀防控建议 ·················· 147
　10.1　通用要求 ····································· 147
　10.2　关注事项 ····································· 147
附录 A　各种金属腐蚀产物清除 ······················ 152
　A.1　铝合金腐蚀清除 ································ 152
　A.2　合金钢腐蚀清除 ································ 153
　A.3　钛合金腐蚀清除 ································ 154
　A.4　镁合金腐蚀清除 ································ 154
　A.5　耐蚀钢和镍合金腐蚀清除 ························ 155
附录 B　缓蚀剂种类、适用范围和使用部位 ·············· 156
参考文献 ··· 159

第1章 概　　述

1.1　国内外现役军用飞机腐蚀现状

我国军用装备的机种繁多。随着服役时间的增加,飞机的腐蚀比较普遍,有的还很严重,甚至危及飞行安全而不得不停飞修理。飞机腐蚀已逐渐引起设计部门、使用部队和管理部门的高度重视。通过对国内军用飞机的调研发现,按系统腐蚀发生频次统计,其发生频次按由多到少的顺序依次为机体结构、着陆装置、液压系统、非金属件(含设备、仪器)、操纵系统、旋翼系统和发动机,如图1－1所示。

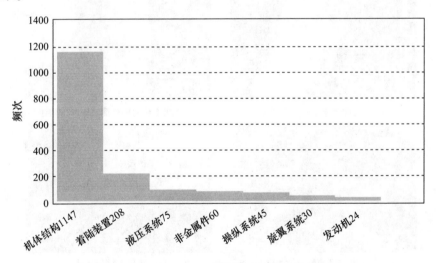

图1－1　军用飞机按腐蚀部位的频次统计

按腐蚀部位的腐蚀频次进行统计,排在前10位的依次为:①水平尾翼;②结构承力构件、各种结构件的对接接头或连接耳片、孔、倒角等应力集中部位;③主起落架机构;④前起落架机构;⑤挂弹舱;⑥机翼下翼面;⑦垂直安定面;⑧机身前中段及进气道结构;⑨前机身下部及前起落架舱;⑩翼身整流包皮。同时,在非金属类中,舱盖、透明件及软管等腐蚀老化部位所占比例较高;在操纵系统类中,襟翼、副翼操纵机构腐蚀占比较高。

根据对各型飞机的腐蚀情况调研结果来看,军用现役飞机的整体腐蚀情况较为严重,特别是服役时间较长的系列飞机等。军用现役飞机主承力和非主承力结构、部附件和发动机结构都发生过较严重的腐蚀问题,有的甚至危及飞行安全。以下为研究过程中 2 个范例:

1.1.1 军用系列飞机腐蚀范例

1. 典型腐蚀问题

通过对各个机场的军用飞机的腐蚀问题进行分析后发现,军用飞机的腐蚀问题比较集中的区域有:飞机主起收放作动筒根部锈蚀;飞机主轮轮轴外侧漆层脱落、锈蚀;飞机环控系统导管螺母的锈蚀;飞机机翼主梁与机身的连接螺栓锈蚀;飞机进气道螺钉锈蚀;飞机平尾配重处的腐蚀;等等。另外,军用飞机表面脱漆现象比较普遍,这促进了后期基体材料腐蚀的发生与扩展,如图 1-2 所示。

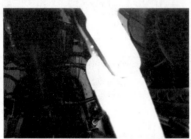
(a) 主起落架作动筒根部锈蚀

(b) 飞机主轮轮轴外侧漆层脱落锈蚀

(c) 环控系统导管螺母发生锈蚀

(d) 进气道螺钉锈蚀

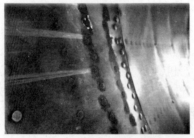
(e) 军用飞机进气道螺钉锈蚀

(f) 军用飞机机翼主梁与机身的连接螺栓锈蚀

(g) 军用飞机机翼表面螺钉锈蚀

(h) 军用飞机机翼表面螺钉锈蚀

(i) 军用飞机机身螺钉的锈蚀(1)

(j) 军用飞机机身螺钉的锈蚀(2)

(k) 军用飞机机身表面的脱漆与腐蚀

(l) 军用飞机机身表面的脱漆与铆钉腐蚀

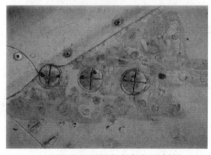

(m) 军用飞机垂尾根部铆钉的锈蚀

(n) 军用飞机垂尾下部机身的锈蚀

(o) 军用飞机平尾配重表面的腐蚀　　　　(p) 军用飞机连接平尾配重处的锈蚀

图 1-2　某型飞机典型腐蚀形貌

2. 维护关注点

（1）军用飞机的进气道在早晚气温变化较大时,易于形成露水,该部位处于较为封闭的环境中,水分难以发现及清除,从而造成铆钉和结构腐蚀,如果铆钉脱落,就会打伤发动机。

（2）军用飞机停放时间较长,起落架舱处于半潮湿氛围中,并且起落架作动筒根部与不同金属接触,电位不同,易发生腐蚀。

（3）军用飞机环控系统的导管内本身气体温度较高,而且导管螺母是铁质材料,在沿海潮湿环境作用下,易发生电化学腐蚀。螺母锈蚀后不易拆卸,且有可能会影响环控系统工作。

（4）翼身接头平时难以维护,在沿海潮湿空气的作用下易发生腐蚀,该处属于关键部位,如果防护不当,在疲劳与腐蚀的交互作用下,可能会影响飞行安全。

1.1.2　国外军用飞机电连接器腐蚀范例

例如,F-16飞机破损安全单元连接器表面镀锡层与氧气发生作用形成SnO_2,降低了原镀层的附着力而引发基体腐蚀,如图1-3所示。

1.2　军用飞机腐蚀规律分析

1.2.1　共性问题

通过对各型飞机腐蚀情况的统计分析结果看,有几个普遍存在的共性问题需要加以重点关注:

1. 腐蚀防护涂层体系退化较为普遍

飞机整体面漆都存在着脱漆的现象,部分区域底漆已经脱落,露出结构基

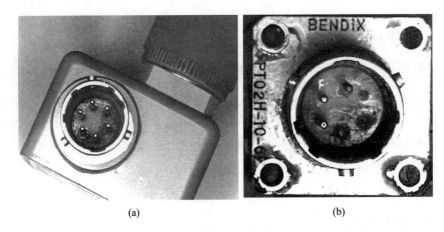

图 1-3 飞机破损安全单元连接器接触腐蚀

体,由于表面防护体系的防护能力下降,且表面防护体系的修复不及时,部分机型的机体结构直接暴露于服役环境下,外界的高湿、高温、高盐雾、紫外线等将直接加速结构的腐蚀与老化,且后续结构的腐蚀速度将会明显加快。

2. 钢螺(铆)钉锈蚀较为普遍

减速伞舱下部因为没有防护体系而出现了螺钉锈蚀现象。钢螺(铆)钉锈蚀多数是由于异种金属接触在潮湿环境下造成的,锈蚀会造成螺(铆)钉强度下降,飞行中在气动力作用下容易出现松动、变形甚至断裂,从而引起蒙皮变形或结构承载力条件恶化,造成飞行安全隐患。

3. 金属管夹腐蚀严重

由于金属管夹结构多是异种金属接触的形式,且多位于舱室内部,排水和降温不畅,容易造成腐蚀的环境。此外,冷气导管和电气接头处的腐蚀问题明显要多于液压导管,这与其工作环境有直接关系。

4. 起落架结构及舱室普遍腐蚀

所有型号的飞机起落架结构及舱室都存在着一定程度的腐蚀现象,部分机型,如基教-8飞机还比较严重。起落架结构本身都是金属材料,对于高温、高湿环境非常敏感。由于直接与地面接触,地面停放时的高温、高湿气体最先容易影响结构材料;由于起落架结构又处于机体的最低端,机体表面的积水、污染物等都容易在此聚积,这些都会加速起落架结构的腐蚀。就起落架舱室而言,自身的结构形式决定了其是一个半密闭式结构,高温、高湿气体不容易流通出去,因此舱室内的附件、导管等也容易产生腐蚀现象。

起落架结构是飞机的主要承力件,因此其结构的腐蚀问题应该及时发现,及时清理,及时处理。如果腐蚀问题发生到材料的内部,那么一般的清理将很难去除腐蚀物,这种情况下再涂底漆或面漆反而会掩盖内部腐蚀的不断扩展,容易产生错误判断而造成安全隐患。

1.2.2 腐蚀部位所属子系统

在本次调研中没有发现三代机复合材料明显的性能退化问题,主要原因是其服役时间还较短。随着我海军三代机中使用复合材料比重越来越大,复合材料的老化问题应该逐渐引起高度重视。图1-4所示为海上任务飞机腐蚀频次统计。

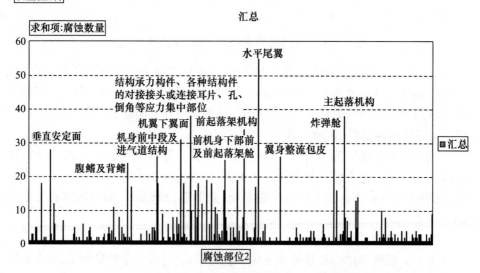

图1-4 海上任务飞机腐蚀频次统计(按所属子系统)

在操纵系统中,襟翼、副翼操纵机构腐蚀占比例较高,这是由这两种舵面自身的工作特性所决定的。无论是襟翼还是副翼,其舱室在飞行中都处于打开状态,停放情况下舱室关闭,容易封闭湿热空气,并在温度变化的情况下形成积水;同时,襟翼和副翼舱室都位于机翼的后缘低位,因此机翼表面的污染物、积水等也容易在此积聚;另外,当飞机在海上低空飞行时所进入的盐雾空气也会在金属表面形成电解液而不易排出,因此襟翼、副翼舱是飞机的一个腐蚀高发区。

1.2.3 易腐蚀的部位和结构形式

军用现役飞机结构的腐蚀比较普遍,有的还很严重,根据调研统计分析,易腐蚀的部位和结构形式如下。

（1）异种金属接触部位及存在结构缝隙的部位。例如，各机种的配重连接部位和钢连接件等，因缺少必要的防护措施或防护不当等导致程度不同的腐蚀。

（2）紧固件和紧固孔周围不密封或密封质量差的连接结构。例如，铆接结构和螺接结构。

（3）制造死角和易积水或排水条件差及维护困难的部位。

（4）装备加工部位和表面防护层质量差或受到损伤的部位。例如，装配、钻孔、切割/锉修、对接和搭接接缝处的加工断面等，在加工后没有采取相应的防护措施或防护层，受到损伤后没有补充施加防护层。

（5）腐蚀集中的结构部位：
① 机翼（主起落架舱区）。
② 机身（减速板舱内）。
③ 尾翼（蒙皮与配重连接区）。
④ 蒙皮外表面防护层。
⑤ 活动部位（如飞机襟翼滑轨轮缘处、副翼根部轴承及根部轴处磨蚀）。

1.2.4 易受腐蚀的材料

根据军用现役飞机结构腐蚀的调研，易受腐蚀的材料有：

（1）镁合金构件易产生不同程度的腐蚀。

（2）铝合金 2A12-T4 和 7A04-T6 对晶间腐蚀和剥蚀非常敏感，易发生腐蚀。主轮舱区机翼前梁（7A04-T6）和蒙皮（油箱下壁板，2A12-T4）易发生剥蚀与晶间腐蚀。

（3）30CrMnSiA 钢件（尤其是紧固件）均发生不同程度的腐蚀。

（4）早期服役的飞机其外表面蒙皮涂层系统抗老化、耐蚀性和附着力较差。几乎每架被检查飞机外表面蒙皮漆层均有程度不同的脱落。

1.2.5 军用飞机腐蚀特点

同空军飞机相比，军用飞机的腐蚀具有"早、快、广、深"的特点。

1. 腐蚀发生早

腐蚀发生早是指由于先天不足的设计与制造及严酷的服役环境使得军用飞机及发动机的腐蚀比空军飞机及发动机的腐蚀发生早。如军用飞机在装备部队短短 1 个月内前轮轴就发生了腐蚀。使得 8 架该型飞机停飞抢修。

2. 腐蚀发展快

腐蚀发展快是指海军飞机(含发动机)的腐蚀一旦发生其腐蚀速率比空军飞机的腐蚀速率更快。理论和试验研究表明,海洋环境下的金属腐蚀速率远比内陆环境下的金属腐蚀速率来得快。2002年,空、军用飞机发生腐蚀疲劳裂纹而造成飞机停飞,调研结果表明军用飞机腐蚀疲劳裂纹故障率为65%,远远高于空军飞机的42%。

3. 腐蚀范围广

腐蚀范围广是指军用飞机(含发动机)的腐蚀不仅遍及机体结构、发动机结构而且涉及机载设备。例如,亚丁湾护航直升机的腐蚀就遍及机体结构、发动机结构及机载设备。

4. 腐蚀深度深

腐蚀深度深是指军用飞机(含发动机)的腐蚀深度比内陆地区同类机种的腐蚀深度更深。空军飞机腐蚀大部分为点蚀,而军用飞机上出现了剥蚀。

1.2.6 军用飞机腐蚀类型

(1) 按照腐蚀环境或者腐蚀介质分类可分为大气腐蚀、海水腐蚀、化工介质腐蚀和微生物腐蚀。

① 大气腐蚀:大气中有水蒸气。当大气的相对湿度高于某个临界值时,水蒸气会在金属表面凝结成一薄层吸附水膜。而天然水中都溶解有一定量的电解质和氧,提供了形成腐蚀电池的电解质溶液(离子导体)和阴极活性物质(氧化剂)。海洋性大气中还存在大量高浓度的盐雾。工业大气中还含有可溶于水的酸性气体,这些物质对金属结构存在着更严重的腐蚀威胁。

② 海水腐蚀:海水中溶解有大量的氯化物,对钢铁和铝合金的腐蚀性很强。

③ 化工介质腐蚀:化工介质(主要是酸碱盐的水溶液)会对管路和储罐的内壁造成严重的腐蚀。化工介质的泄漏对污染影响区的其他结构中的金属会造成严重腐蚀。

④ 微生物腐蚀:微生物成长代谢的环境中有水和微生物代谢产物,容易导致局部腐蚀。

(2) 按照腐蚀破坏的具体形式分类,腐蚀可分为均匀腐蚀、电偶腐蚀、缝隙腐蚀、点蚀、晶间腐蚀、磨蚀、应力腐蚀开裂和腐蚀疲劳。

① 均匀腐蚀:是最常见的一种腐蚀破坏形式,又称全面腐蚀,如图1-5所示。其特征是:化学反应或电化学反应在整个或绝大部分金属表面均匀地进行,腐蚀结果是金属构件变薄,直到最后发生破坏。均匀腐蚀的特点是,金

属在暴露的全部或大部分表面积上都发生腐蚀,且腐蚀程度在各处分布很均匀。

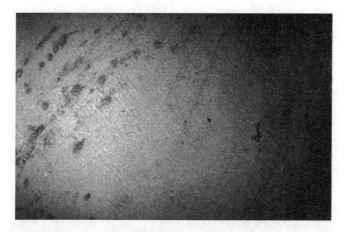

图1-5　腐蚀程度

根据发生均匀腐蚀的金属在单位时间内厚度的减薄或单位面积上的失重,可以测量出腐蚀速度,借此可以估算结构的寿命。

② 电偶腐蚀:两种或者两种以上具有不同电位的金属接触(形成电偶)并同处于一个电解质溶液中,就会造成电位低的金属发生腐蚀。这种腐蚀形式称为电偶腐蚀或双金属腐蚀。

电位较低,耐腐蚀性较差的金属为阳性,加速腐蚀;电位较高,耐腐蚀性较好的金属为阴极,受到阳极牺牲效应的保护,腐蚀减缓,甚至停止腐蚀,如图1-6所示。

图1-6　电偶腐蚀

③ 缝隙腐蚀:在金属与金属或金属与非金属之间的缝隙中由于形成浓差电池所引起的局部腐蚀,结构上的缝隙内容易滞留液体,再导致缝隙内的金属发生局部腐蚀。缝隙腐蚀常发生在垫片的底面、螺帽或铆钉帽下的缝隙处与铆接机构的搭建处。飞机蒙皮对接处的腐蚀也属于缝隙腐蚀,如图1－7所示。

图1－7 缝隙腐蚀

金属表面之间、金属和非金属表面之间、金属与附着的沉淀物之间都可以形成缝隙。空气中的氧向缝隙内部的扩散困难,缝隙深处氧浓度低,缝隙敞口处氧浓度高。内外氧浓度差形成浓度差电池,导致缝隙内部氧浓度低的地方,金属作为阳极被腐蚀。

④ 点蚀:在金属上产生针状、点状、小孔状的一种极为局部的腐蚀形式。虽然点蚀仅在金属表面形成离散的、很小的点坑,材料损失很少甚至可以忽略,但点蚀却是破坏性和隐患最大的腐蚀形态之一。其实复试部位常被腐蚀产物所覆盖,不易发现,且易产生应力集中,成为腐蚀疲劳的裂纹源。点蚀的危害性极大,有可能在飞行中导致飞机结构的突发性事故。

⑤ 晶间腐蚀:沿材料的晶界发生的一种局部腐蚀。发生晶间腐蚀的原因是,晶间的成分或组织结构不同,相对晶粒内部电位低,在腐蚀介质中发生优先溶解。

晶间腐蚀使晶粒之间失去结合力,在腐蚀影响区金属的强度完全丧失。不锈钢和铝合金的晶间腐蚀问题较为突出。

⑥ 磨蚀:磨损腐蚀的简称,有磨振磨蚀和冲刷腐蚀两种。

a. 磨振磨蚀(又称微动腐蚀):互相结合的两个零件在振动、滑动及环境介质的共同作用下产生的腐蚀。

b. 冲刷磨蚀:由于腐蚀性流体(液体、气体)和金属表面间的相对运动,引起涂层破坏和金属的加速腐蚀,如图1-8所示。

图1-8 磨蚀

⑦ 应力腐蚀开裂和腐蚀疲劳:属于金属在腐蚀介质和应力的同时作用下导致腐蚀开裂以致破坏的现象。当应力为平稳拉应力时,发生应力腐蚀开裂;当应力为交变应力时,发生腐蚀疲劳。发生腐蚀开裂的原因是,在应力作用下,裂纹尖端发生塑性变形,产生大量的活性点,在腐蚀介质作用下发生快速溶解,裂纹在应力和腐蚀的共同作用下向前发展。合金比纯金属更容易发生应力腐蚀开裂和腐蚀疲劳。

应力腐蚀开裂与腐蚀疲劳的发展具有隐蔽性和突发性,初始裂纹的孕育期长,裂纹长度缓慢地增长到某一临界尺寸后,裂纹会在一个极短的扩散期内贯穿整个结构。

1.3 军用飞机腐蚀原因分析

飞机腐蚀的根本原因在于材料有一个趋于较为稳定状态的趋势,其中包括氧化物的生成。当腐蚀介质聚集在飞机表面时,为腐蚀的产生创造了合适的条件。通常情况下,选材不当、表面防护措施不当、密封装配不当、排水不畅等都会引发不同程度的腐蚀。腐蚀的发生将导致飞机材料变质、强度减弱,结构性能降低。

从腐蚀的现象和规律分析,飞机结构腐蚀的主要原因包括设计、制造和使用维护等各个方面,如表1-1所示。

表 1-1 飞机结构腐蚀的主要原因

原因	影响因素
设计方面	通风、排水、密封;结构缝隙、沟槽、内腔、异种金属;表面防护系统;材料与工艺选择;应力和变形控制;结构维修性(含可达性、可检测性);构件的具体使用环境控制
制造方面	制造工艺及生产质量控制;表面防护工艺及质量控制;密封、装配工艺及质量控制;包装、储存、运输
使用维护方面	可维护性差;表面损伤;使用环境(包括内部或局部环境、人为环境);疏忽或对腐蚀损伤认识不足;腐蚀维修计划不当或措施缺乏;排水孔等堵塞

通过分析可知,造成军用飞机腐蚀的主要因素有以下几个方面。

1. 设计方面

主要结构材料为 7A04,这种材料对晶间腐蚀和剥蚀非常敏感;未按外部构件进行表面防护系统设计,特别是早期服役的飞机表面防护系统耐蚀性较差。

2. 制造方面

装配过程中切割、锉修或安装过程中损伤了构件与防护层,未作防护处理。

3. 使用维护方面

舱区内空气流通不畅,积水、凝露不易散失;起飞、降落或机场停放时易受沙尘等固体颗粒冲刷,沙尘及其他有害物质沉积构件表面等。尤其是在自然环境恶劣的地区使用的飞机,舱区的使用环境更为苛刻。

1.4 服役环境分析

1. 服役环境特点

军用飞机在整个使用寿命周期内,长时间处于高温、高湿度、高盐雾的海洋大气环境中,经受不同海域的风浪、海雾、盐雾和不同空域的温差、光照、雨雪以及母舰排放物等综合环境的侵蚀影响,势必造成机体材料、防护涂层系统、典型连接部位、摩擦磨损部件、电子设备连接/接插部位等的腐蚀或老化。同时,舰上起落装置、拦阻装置(拦阻钩)、预警雷达天线罩等直接受海上环境的影响会出现不同程度的腐蚀和环境损伤问题,影响飞行安全和执勤效率。

在海洋性气候的沿海地区往往是湿热、盐雾和霉菌三种气候条件同时存在,并且相互作用和相互影响。舰船设备和舰载设备能否在这种环境条件下长期有效地工作,主要取决于设备对湿热、盐雾和霉菌环境的适应能力。

影响军用飞机机载成品、附件腐蚀的主要环境因素有海洋大气的温度、湿度、盐雾含盐量、航空母舰排放的含 SO_2 腐蚀性物质的工业大气，以及霉菌等微生物。提高机载设备、附件对上述恶劣环境的适应性是提高飞机作战能力的关键。

2. 服役环境中温湿度损伤机理

湿热对飞机的影响是全方位的，方式是多种多样的。湿热是影响机载设备稳定性、可靠性最主要的因素。部队现役机种使用表明，防湿热能力差已给作战和训练带来了极大的影响。一方面，湿热可以通过凝露、吸附、扩散和呼吸等物理现象直接或间接对飞机造成影响；另一方面，它还可以与温度盐雾和生物等其他环境因素综合，产生腐蚀和破坏等有害作用。湿度还会对降雨、固体沉降物、微生物和生物生长以及沙尘、静电、臭氧等的形成和发展产生重要影响，从而导致或加剧这些类型环境因素对装备的有害影响。以湿气为例，通过吸附、吸收、扩散、凝露等作用使装备受潮，主要影响表现为：

（1）在交变的温湿度条件下设备内部产生凝露，造成电气短路。

（2）引起非金属材料体积膨胀、组织疏松、强度降低，甚至起泡、破裂和老化等。

（3）加速化学和电化学反应，造成金属的腐蚀和非金属涂层的破坏。

某飞机所面临的湿热环境以地面湿热环境为主，空中湿热环境的严酷度较地面低得多，且飞机在地面湿热环境中的时间较空中长得多，因此在制定湿热环境技术要求时，以地面湿热环境为基准，这样也涵盖了空中的湿热环境。GJB 1172.3—91 的 1% 风险率工作极值的露点温度为 $31.4℃$，混合比 $30×10^3$ ppm；因此确定该飞机的湿热工作极值为露点温度 $31.4℃$，混合比 $30×10^3$ ppm。

3. 服役环境中盐雾因素的影响

盐雾环境是最能令设备性能降低的腐蚀性环境之一。盐雾大气环境对机体及机载设备的影响主要分为腐蚀效应、电气效应和物理效应三类。其中，腐蚀效应包括电化学反应造成的腐蚀、加速应力腐蚀、盐在水中电离形成酸碱溶液；电气效应包括由于盐的沉积使电子设备损坏、产生导电层、绝缘材料及金属腐蚀；物理效应包括机械部件及组合件活动部分的阻塞或卡死、由于电解作用导致漆层起泡。它的腐蚀作用在其被烟道气和其他污染物酸化后可能会更加剧。

盐雾中的氯化物是一种强电解质，能大大增强金属表面液膜的导电性，促进电化学腐蚀；雾滴中的氯离子有较小的离子半径（$1.82×10^{-4}$ μm），穿透能力很强，能使许多金属表面钝化膜遭到破坏，失去保护作用。

（1）腐蚀效应：电化学反应腐蚀、海水盐分电离形成酸碱性溶液的腐蚀。

（2）电气效应：由于盐的沉积导致电子设备损坏、盐沉积产生导电层。

（3）物理效应：机械部件和组件活动部分阻塞或卡死，由于电解作用导致漆层起泡。

根据气溶胶理论，盐雾是一种极其微小的流化细粒溶解于空气中而扩散成的雾。通过对上述数据的分析，某飞机在设计时确定所有系统、机载设备和附件应能在 $5mgNaCl/m^3$ 盐雾环境中不腐蚀并正常工作。

第 2 章　制造过程腐蚀防护与控制现状分析

本章按照现有飞机制造过程不同专业组对每个环节进行划分,逐个环节进行细致调研,结合国内外现役飞机腐蚀防护分析,对每个专业组中制造工艺和过程控制等存在的问题与形成的原因进行了分析,并提出了相应的改进建议。

2.1 原 材 料

原材料组的调研主要包括对金属、非金属、复合材料、辅助材料的采购、包装、运输过程、入场复验、储存、供应商管控等环节的相应程序文件进行学习,并到金属材料、非金属材料、复合材料和辅助材料的存储仓库对存储环境与周围环境参数进行了解。调研过程中发现直接或间接导致飞机部件发生腐蚀问题的情况如下。

(1) 金属管材无独立包装。

原因分析:金属管类原材料大多只需要经过折弯、剪切等简单的加工工艺便直接用于飞机机身组件,大多数对管材内表面清洁度、粗糙度等有要求,而忽视了对其外表面的防护。很多铝合金管、不锈钢管、紫铜管、黄铜管等管材在周转过程中外表面直接挤压、摩擦,容易产生擦、划伤,在金属管外表面形成许多划痕和擦伤。这些划痕若不经过处理,随着时间积累就会逐渐扩展、变深,甚至会形成溶液积聚,在某些比较关键的部位最终导致管材破裂、损伤,进而导致电解质溶液渗入后引发电化学腐蚀,影响其可靠性。

改进思路:参照细管材执行规范,根据不同材料管材属性,在金属管材的周转运输过程中将所有直径尺寸的金属管材进行外表面独立包装,即增加一层由聚乙烯薄膜、中性包装纸、中性石蜡纸、油纸、棉布等制作的保护套。避免运输、存储等过程中因人工搬运或徒手操作造成管材表面擦、划伤。

(2) 导管内表面清理不善会导致腐蚀。

原因分析:很多导管材料在加工成形过程中会在内部填充润滑油等进行保护。但在实际加工使用过程中并未对内腔进行清洗而直接使用,导致内部润滑油会吸附灰尘或金属碎屑而受到污染,继而随导管中气体或液体流动损伤内表面,形成腐蚀隐患。

改进思路:在现有工序下,在导管进行加工使用前,增加导管内表面清洗程序。可采用热水清洗、变压器油、航空洗涤汽油、120号溶剂汽油、清洗机或超声清洗的方式对导管内腔进行充分清洗,可根据具体情况加强清洗力度和清洗次数以保证内表面完全清洁,清洗完成后进行烘干,并在加工使用过程中注意内腔体的密封。

(3) 原材料入厂复验缺少对典型材料的环境适应性试验。

原因分析:入场复验中原材料工作组通常会按照相应规范文件对材料做通用的性能测试,如金相分析、显微硬度、疲劳性能、高温试验等单一性能参数指标。未考虑该材料制成的成品最终服役环境中各因素对材料的综合影响作用。实际服役环境并非单一因素作用,可能会有温度、盐雾、紫外线等不同因素共同影响作用,此项性能与常规单因素影响会发生较大变化。

改进思路:根据飞机将要服役环境特点,编制相应试验环境谱,对需考核环境适应性的材料、结构或成品件进行腐蚀环境综合影响试验。可采用编制加速环境谱的方法对服役环境中不同腐蚀因素综合考评对材料的性能影响。

(4) 露天存放的金属材料表面存在夹渣和锈蚀现象,但加工余量未明确。

原因分析:部分尺寸较大的金属原材料由于场地和搬运原因通常露天存放,部分材料从存放到使用时间过长,加上露天环境受水蒸气、氧气、酸雨、紫外线照射、微生物腐蚀等因素影响作用,表面会有严重的锈蚀现象。不同材料腐蚀机理不尽相同,不同时间腐蚀的深度和程度也不完全相同,但实际加工中未对这一因素做明确认定。

改进思路:通过对每一类入厂的金属材料开展自然环境暴露试验,通过与实验室内当量加速腐蚀进行对比,对腐蚀深度、腐蚀程度与时间的关系进行对比分析,建立相应数据库,从而对原材料的取用起到指导作用。

(5) 很多铝合金板材原材料存在表面黑色条纹、不同程度压坑及疑似锈蚀缺陷。

原因分析:后期使用前对缺陷部位的修复过程易造成包铝层穿透损伤基体。

改进思路:针对此类问题建议加强原材料存放、运输过程中的防护措施,裸露的金属板材可进行涂油处理,涂油后表面贴中性石蜡纸、油纸等保护层,隔绝与周围环境中腐蚀介质的接触,尤其应注重边沿部位包裹封边。尽可能采取垂直方式放置,板材中间保证干净无杂物,避免相互挤压。

2.2 标 准 件

标准件腐蚀防护与控制现状分析如下。

（1）由于飞机结构中螺接或铆接结构较多,通常操作过程中使用的工具（如螺丝刀）存在磨损现象,在钉槽口出现松动现象。因此,在螺栓安装过程中,螺栓槽口易起毛,且常出现钉头镀层破损现象。

原因分析:槽口位置镀层的破坏会最先导致螺栓基体的暴露,在失去镀层的防护作用下与外界腐蚀介质直接接触,加上螺栓通常为钢制,腐蚀电位较其他铝合金材料较负,易形成电偶腐蚀,从而引起涂层起泡、粉化、脱落等失效现象。

改进思路:借鉴外包波音、法航等公司的先进管理经验,不同型号标准件采用单独对应型号带有力矩设定的专用扳手、螺丝刀,减小配合间隙。对每个所用到的工具进行独立编号和使用档案,在磨损到一定程度后更换工具,并且使用带有力矩设定功能的工具,预防因用力过大产生槽口起毛现象。与此同时,对某些外露、非拆装部位,建议安装后在螺钉槽口涂抹密封胶,保护槽口镀层破坏的位置不与腐蚀介质直接接触。

（2）自制标准件移交过程中执行相关防护规定不完全。

原因分析:标准件发放过程中包装材料不统一;标准件存储、盘库和发放过程中,不能完全做到戴手套操作;部分产品到货验收与实际出厂发货时间有1～3年甚至更长时间间隔,难以保证存放期间标准件表面状态不发生锈蚀现象。

改进思路:进一步完善细化对于自制标准件的规范文件,包括对包装材料、包装方式具体明确为中性石蜡纸或聚乙烯薄膜;周转过程中应严格遵守"不能戴手套"操作的规定;每个批次的标准件产品建立相应的电子档案卡,从原材料到加工、产品验收合格到最终产品交付使用,每个阶段时间点的封存状态和存放环境条件严格按照相关文件规定,并定期进行涂抹防锈油后补充封存处理。

（3）关于进口轴承未标明封存期,相关仓管部门不具备换封条件。

原因分析:此类进口轴承产品从进厂到交付使用封存条件始终未维护,存在腐蚀隐患。

改进思路:对于所有外购标准件,采购部门应要求供应商在提交产品时同时提供该产品的封存条件和存储条件等详细信息,注明购买时间。由物资计划处牵头,供应商及其他相关部门参与,形成内部关于产品包装的规范文件。可参考文件 XYS 2708 中 7.5.1.3 封存期中第三点要求"从国外进口的轴承,如无相关文件规定,遵循国内轴承的封存规定"执行;对其中确实不具备换封条件的外购标准件应简化外购程序,尽快交付使用。

（4）游动托板螺母标准件组件为了避免装配后阳极氧化处理槽液清理等问题,目前只能采取"托板预成型后先氧化再装配成形"的工序顺序。

原因分析:装配成型过程会造成氧化膜脱落,且脱落后无法修复。

改进思路:研究新的或完善已有的装配工艺,考虑研制新的工具,加强装配过程中对标准件的保护。

(5) 对于外购标准件,入厂复验时在 D0002-1、D0002-9 的文件中对强度、拉力、尺寸、外观等有明确要求,但对耐腐蚀性能相关的镀层厚度和盐雾性能没有做具体说明。

原因分析:自制标准件在交付使用前也缺乏相应的程序和手段对表面镀层厚度、完整性等处理情况做出评价。

改进思路:对于所有外购标准件,要求供应商在提交产品时同时提交该批次标准件产品镀层厚度、完整度、耐蚀性能的第三方检测报告。同时,进一步完善相应入厂复验要求中对镀层厚度、完整性和耐蚀性能等相关规定。

2.3 新 材 料

根据飞机结构减重、耐腐蚀及长寿命等需求,提出用于机身、机翼及尾翼的铝锂合金和 T800 复材两项关键结构新材料,以满足型号研制的战技指标要求。

2A97 铝锂合金在海军飞机机身结构蒙皮、长桁、地板等部位使用,具体包括中机身等直段,以及前机身和后机身。蒙皮与长桁采用焊接结构,地板、设备安装支架替代传统铝合金(如 2024 等)即可获得一定的减重效果。

铝锂合金属于新研材料,可参照铝合金的表面处理要求进行。

铝合金表面的处理可根据材料的半成品形式、特殊功能要求或结构部位选用相应的表面处理方法。

目前,我国飞机型号研制过程中,没有机体大型结构件采用搅拌摩擦焊的先例。因此,对于结构搅拌摩擦焊的强度设计缺少经验,仍需要进行大量数据的积累及深入研究,才能形成可靠的搅拌摩擦焊结构强度设计评估方法。

2.4 表面处理新工艺

微弧氧化膜层是一种陶瓷结构薄膜,具有良好的耐磨性和耐蚀性,且有较高的电绝缘性,但对基体的疲劳性能有一定的影响,影响程度取决于零件规格和膜层厚度,适用于要求具有一定耐磨性和良好耐蚀性的非关键构件。

微弧氧化技术是近年来兴起的一种新型表面处理技术,成为国内外研究的热点。该技术电解液无污染,生成膜层与基体的结合力强,尺寸变化小,使镁合金耐磨损、耐腐蚀、抗热冲击及绝缘性能都得到了很大改善,这有利于镁合金的进一步推广应用。国内外相关文献表明,微弧氧化技术最初主要用于铝钛合金的表面改性上,近年来,随着人们对镁合金优势认知度的提高以及镁合金开发、加工水平的快速发展,镁合金的微弧氧化技术得到了广泛关注。国内外学者对涉及镁合金微弧氧化技术的诸多方面,如电源的直、交流,电流密度、电压、脉冲频率、占空比等电参数,电解质种类、成分等参数以及合金种类对微弧氧化过程,膜层的结构、成分、相组成及膜层的耐蚀性和/或耐磨性的影响进行了深入研究,并探讨了着色及封孔处理等问题,取得了丰硕的成果。

由于国内各研究单位对工艺参数设置的差别很大,而且对于合金元素含量不同的镁合金较适宜的电解液成分也不尽相同,特别是针对微弧氧化制备调控和膜层表征方法的研究还不充分,有待于深入开展工作。因此,针对常用的AZ91D镁合金基材,首先研究了化学预处理工艺中预处理时间和微弧氧化工艺参数对微弧氧化膜层的影响,而后进一步研究了微弧氧化膜层的特征参量和性能与微弧氧化工艺参数的关系以及膜层的特征参量与膜层性能的关系,揭示了镁合金微弧氧化膜层制备的调控原则,最后探讨了微弧氧化膜层结构与性能的表征方法。这些都具有重要的理论和现实意义,并为镁合金微弧氧化技术的推广应用提供了理论依据。

第3章 原材料控制

3.1 一般要求

原材料控制一般要求如下。

(1) 所有金属原材料除非特定情况以外,都应做防锈(油封)处理后方可入库存放。

(2) 金属原材料一旦发现有锈蚀,则必须按有关文件排除锈蚀产物做防锈处理后才得入库存放。

(3) 在存放过程中不得因任何原因而使金属原材料表面产生锈蚀。

3.2 入库要求

原材料入库要求有以下几点。

(1) 材料入库前应进行入库前的检查。检查内容包括包装是否完好,表面是否有腐蚀、油封日期、合格证等。如果外包装完好,那么抽检3%~5%检查,若无腐蚀,则按原封存状态入库存放(对拆封的应重新封存后入库)。封存不良有腐蚀者,应扩大一倍检查,仍有腐蚀者进行100%的检查,排除锈蚀后油封处理方可入库,或退货处理。包装损坏的也应进行100%的检查。

(2) 原材料入场复验的耐蚀性检查方法主要包括涂(镀)层厚度测定、酸性盐雾、中性盐雾、湿热试验、紫外线老化、周期浸润、电化学手段等。检查方法和耐蚀性能指标应参照相应国标与技术指标。

(3) 铝及铝合金板、锌、镉、锡、铜及其合金、厚度4mm以下的冷轧钢板(包括不锈钢板)、钢丝、钢索、钢带以及小五金等应放入加温库房保管。

(4) 铝锭、铝块、电解镍、锰、钨和铅等可在非加温库房存放。

(5) 铁块、大型钢锻件、厚壁钢管、热轧钢管、热轧厚钢板、热轧钢棒等可在室外存放,但少余量或无余量加工件不得在无防锈包装条件下裸露存放。

(6) 不同类的金属严禁互相接触存放,以免接触腐蚀。

3.3 库存环境要求

原材料库存环境要求如下。

(1) 金属原材料的存放环境可分为加温库房、非加温库房及室外存放三大类。加温库房内温度应在 10～35℃，相对湿度应在 75% 以下，昼夜温差不大于 7℃。

(2) 库房内的料架应是金属或相对湿度不大于 18% 的木材制成并涂油漆，固化 10 天以上才可使用，放置应与墙壁不小于 45cm 的距离，最低一层距地面不小于 20cm。

(3) 库房内应严禁有害气体(如煤烟、氯化氢、氨、蒸汽)和灰尘进入，金属原材料库不得存放化学药品(如酸、碱、盐、蓄电池等)和吸湿材料及其他会引起腐蚀的物质，库内应通风良好、洁净、远离热源。

(4) 库房应远离锅炉房、化工库、化纤车间、电镀车间以及能散发出大量腐蚀性气氛的车间。

(5) 温度与湿度的调节安装加温设施、增设空调器、去湿机，密闭库房和强制通风等均是调节温、湿度的有效方法，以强制通风的应用最为普遍。

3.4 库存管理要求

原材料库存管理要求如下。

(1) 库房工作人员要掌握库存器材情况、防锈知识、包装技术与保管方法。

(2) 搬运材料应该戴手套，不得赤手接触金属材料。

(3) 封存入库保管的材料在封存保管期内应进行定期检查封存情况，若发现有少量腐蚀者，应清除腐蚀产物、重新油封后继续存放并作详细记录；若发现有大量的腐蚀，则所有保护材料应该做更换、封存处理方能继续保管。

(4) 若在封存保管期内无腐蚀，则经过处理并到封存期后，可按 3%～5% 抽检，无腐蚀者可在监控条件下适当延长保管期(不得超过一个保管期)，若有腐蚀，则应全部检查，除锈换封后再入库存放。

3.5 选材过程中的腐蚀防护控制

3.5.1 常用金属材料选用要求

1. 常用金属材料选用原则

为提高飞机整体腐蚀防护性能，在选用金属材料时应遵循以下几方面原则。

（1）机载电子设备所用材料应满足 GJB/Z 457—2006《机载电子设备通用指南》要求。

（2）根据使用部位全面综合考虑材料的强度、疲劳性能、断裂韧度蚀性、工艺性、经济性等,在满足必要的力学、工艺和结构的前提下,优先考虑其抗腐蚀特性。

（3）结构材料的选择要取得已应用证明或足够的环境试验的支持,尽可能选用使用经验或试验证明具有良好耐腐蚀性能的材料。

（4）应按最佳材料–环境体系选择合适的材料及其热处理状态。

（5）各种金属材料都应采取适当的防护措施,原则上不允许裸露状态使用。不同材料接触时,应尽可能选用相容的材料,否则应按 GJB 1720–93《异种金属的腐蚀与防护》进行防护。

（6）易腐蚀部位和不易维护的部位应选择耐腐蚀性能好的合金。

（7）要特别注意有关热处理的规定和防腐蚀的要求,避免选择会引起应力腐蚀和氢脆的表面加工。

（8）不推荐选用镁合金。

2. 常用金属材料特性及应用

1）铝合金

（1）防锈铝(LF):为铝–锰、铝–镁系合金。铝–锰系合金中锰是唯一合金元素,在大气中的耐腐蚀性能与工业纯铝相近,在海水中也与纯铝相当。铝–镁系合金中镁是主要合金元素,此外还有少量的锰、钛、铬等元素。在工业城市和海洋大气中均有较高的耐腐蚀性能。

（2）硬铝(LY):为铝–铜–镁系合金。合金强度较高,耐腐蚀性能比纯铝和防锈铝低,腐蚀类型以晶间腐蚀为主。一般情况下,硬铝在淬火自然时效状态下耐腐蚀性较好。在海洋和潮湿大气条件下应通过阳极化处理与涂漆的方式进行防护。

（3）铸造铝合金(ZL):为铝–硅系、铝–铜系、铝–镁系、铝–锌系合金,能用来制造各种形状复杂的、锻造难以成型的零件。铝–硅系铸造铝合金由于比重小,铸造工艺性好,耐热、抗大气腐蚀性好(在海洋环境中略差),因而得到广泛的应用。铝–镁系的铸造工艺虽较铝–硅系差,但具有优良的抗大气和海水腐蚀性能,所以多在较苛刻的环境下应用。

（4）锻造铝合金:可热处理强化,中等强度,耐腐蚀性高,无应力腐蚀破裂倾向,焊接性能好,焊接区耐腐蚀性能不变。

2）钢及不锈钢

钢及不锈钢主要用于挂架、作动筒、设备底座及紧固件等部位。这里仅介绍机载设备常用的合金结构钢、不锈钢。

（1）优质碳素钢：碳钢在各种环境中的耐腐蚀性较差，主要用于强度要求较低、工作条件不太苛刻的焊接件、渗碳件、冲压件、锻件、机加件、紧固件等，在海洋环境中，碳钢会产生严重的点蚀和均匀腐蚀，使用时要求进行必要的防护处理。

（2）调质高强度钢：选用最多的钢，多用于制造上的各种轴类、齿轮、连杆、紧固件等。在大气、海水及各种化学介质中都容易被腐蚀。因此，应用中常以使表面生成均匀致密氧化膜或用制备各种涂镀层的方法来防止腐蚀。

（3）马氏体不锈钢：在可获得较高强度的同时，马氏体不锈钢在大气中具有较好的耐蚀性，但在含氯、硫的介质中耐蚀性较差，要选择合理的热处理制度，采取一定的防护措施避免产生晶间腐蚀和应力腐蚀。

（4）奥氏体不锈钢（18-8型铬镉镍奥氏体不锈钢）：冷压、焊接和耐蚀性能都比马氏体不锈钢好。

（5）沉淀硬化不锈钢：兼有奥氏体不锈钢的耐腐蚀性能和马氏体不锈钢强度高的优点。在恶劣腐蚀条件下，沉淀硬化不锈钢的耐蚀性不如奥氏体不锈钢。常用于腐蚀条件不太苛刻及要求耐摩擦或耐冲刷的部位。

3）铜及铜合金

铜及铜合金热力学稳定性高，具有优良的耐蚀性。长期暴露在大气中的铜，表面会生成具有保护作用的腐蚀产物膜，但在含硫等潮湿大气中，腐蚀加速，在海洋环境中以均匀腐蚀为主。

（1）纯铜（紫铜、电解铜）：耐蚀性主要取决自身的热力学稳定性。设备中主要用于汇流条等导电部件，焊接性能较差。

（2）黄铜：有良好的机械性能，较高的导电性和导热性，加工性良好。在潮湿的大气中会"自裂"，应在加工后进行去应力退火处理。

（3）青铜（铍青铜、硅青铜）：铍青铜强度和弹性居铜合金之首，兼有耐疲劳、耐腐蚀、耐磨、无磁、受冲击不起火花等良好的综合性能，多用于制造弹性元件。硅青铜有高的弹性，用于制造在腐蚀介质中工作的弹簧。

4）钛合金

在550℃以下钛表面生成致密的氧化膜，使金属成为钝态，能保护金属内部不再进一步氧化，在许多高活性介质中都有很高的耐蚀能力，尤其是能耐潮湿大气、海洋性大气和海水腐蚀，不易出现孔蚀和晶间腐蚀，但有产生应力腐蚀断裂、氢脆、镉脆的倾向。其缺点是工艺性差，不易切削加工，耐磨性也较差，成本较高。

3.5.2 非金属材料选用要求

非金属材料的腐蚀主要以物理、化学和生物作用引起的材料性能退化为主。为提高飞机的整体腐蚀防护与控制性能,在选择非金属材料时要满足以下要求。

(1) 使用固有抗霉材料,并采取适当的表面处理防止污染。当使用的材料耐霉性达不到要求时,必须作防霉处理。对不耐霉材料(如橡胶、塑料、涂料、胶黏剂等),可在材料的生产工艺过程中直接加入防霉剂;用不耐霉材料制成的零部件、元器件,可浸渍、涂刷防霉剂溶液或防霉涂料;含有填料的塑料加工面应涂防霉涂料。防霉处理所使用的防霉剂必须满足如下要求:高效、广谱,有足够的杀菌力;性能稳定,便于操作;低毒,使用安全;对设备的性能无不良影响。

(2) 具有相容性。非金属材料之间及与金属材料接触时应具有相容性,不会引起金属材料的腐蚀或应力腐蚀。否则应视其为金属,并按 GJB 1720—93《异种金属的腐蚀与防护》的要求对异种金属进行处理。非金属材料所逸出的气体不应引起金属及镀层腐蚀。

(3) 选择吸湿性低和透湿性小的材料或经过处理后具有低吸湿性和低透湿性的材料。

(4) 选择复合材料时必须考虑使用环境、系统要求,结构和功能要求以及使用寿命和可维修性等问题。

(5) 限制使用室温固化型胶接用胶黏剂,热固性塑料应使其固化完全,以提高其耐霉性。

(6) 机载电子设备所用非金属材料应满足 GJB/Z 457—2006《机载电子设备通用指南》的要求。

(7) 有机材料应选择具有抗裂解和抗老化性能(包括在大气中抗水解、抗臭氧分解和其他化学分解副产物),并具有符合性能要求和相应规范的最小易燃性的材料。

3.6 新材料选用前的性能考核

3.6.1 试样介绍

1. 试样类型

试样分为两种类型。过渡段楔形斜削并带有指型缺口试样 A 类(图 3-1),双接头试样 B 类(图 3-2)。

A类试样长桁与蒙皮剖面示意图如图3-3所示,B类试样长桁剖面与A类相同。

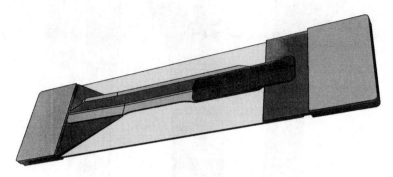

图3-1 A类试样示意图

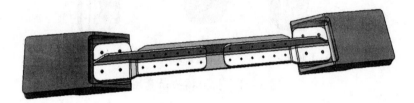

图3-2 B类试样示意

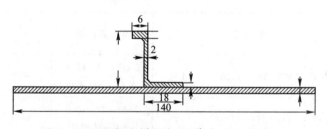

图3-3 A类试样长桁与蒙皮剖面示意图

2. 试样材料

A类试样包含蒙皮、长桁、长桁接头、框缘。加强框缘、过渡段以及接头材料为7050-T7451,长桁为2A97-T84,蒙皮材料为2A97-T3。

B类试样包含长桁、长桁接头、框缘。加强框缘以及接头材料为7050-T7451,长桁材料为2A97-T84。

3. 试样分组

本次试验共有3种类型长桁接头,如图3-4所示。

A类与B类试样依据接头、长桁及蒙皮连接形式共6组,每组12个试样,一共

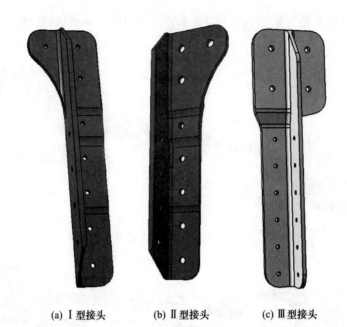

(a) Ⅰ型接头　　(b) Ⅱ型接头　　(c) Ⅲ型接头

图 3-4　长桁接头示意图

72 件。每组包含 2 件静力试样和 10 件疲劳试样。各类试样数量如表 3-1 所列。

表 3-1　试样数量

试验件	编号	长桁材料	接头	蒙皮及连接	接头与长桁连接	数量
A 类	A-1	2A97-T84-EL5292	Ⅰ型	2A97-T3-δ2.5 在夹持端前断开	螺栓	12
	A-2	2A97-T84-EL5292	Ⅰ型	2A97-T3-δ2.5 与夹持端相连	螺栓	12
	A-3	2A97-T84-EL5292	Ⅱ型	2A97-T3-δ2.5 在夹持端前断开	螺栓	12
	A-4	2A97-T84-EL5292	Ⅰ型	2A97-T3-δ2.5 在夹持端前断开	铆钉	12
B 类	B-1	2A97-T84-EL5292	Ⅲ型	无蒙皮	螺栓	12
	B-2	2A97-T84-EL5292	Ⅰ型	无蒙皮	螺栓	12

参照表 3-1 中试样编号，按照"试样编号 + 组内编号"的方式对每个试样进行编号。例如，A 类试样第一组试样的第 10 件试样，编号应为"A-1-10"。

试样接收状态如图 3-5 所示。

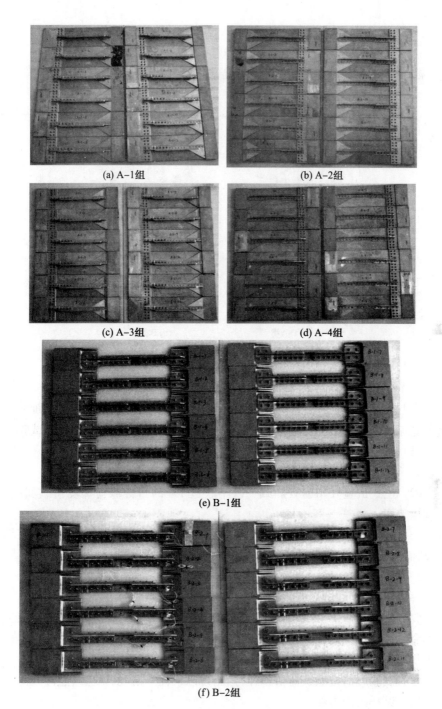

(a) A-1组　　　　　　　(b) A-2组

(c) A-3组　　　　　　　(d) A-4组

(e) B-1组

(f) B-2组

图3-5　试样接收状态

3.6.2 试验要求

根据试样形式及设计相应夹具情况,试验时试样安装如图3-6所示。

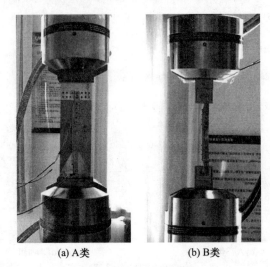

(a) A类　　　　(b) B类

图3-6　试样安装

1. 静力试验

静力试验目的一方面检验材质强度是否符合热处理要求,另一方面可根据此确定各级应力水平。每组取前2件试样按照以下程序进行静力拉伸试验。

(1) 试验加载时,以不超过1%的目标载荷梯度加载至30%,卸载后进行检查。

(2) 正式试验开始逐级加载。以不超过1%的目标载荷梯度持续加载,直至试样破坏。

(3) 计算每组2件静力试验实际破坏载荷的平均值作为该组试样的破坏载荷,从而得出该组试样的承载能力。

2. 疲劳试验

每组其余10件试样按照以下方式进行疲劳试验。

疲劳试验载荷谱采用应力比为0.06的正弦波等幅谱,具体载荷值将依据试样寿命进行调整,加载频率应不大于15Hz,试样有效数量不少于5件(试样寿命在 $1.0 \times 10^5 \sim 4.5 \times 10^5$ 次)。

疲劳试验载荷按照载荷谱施加,当出现以下任一情况,试验终止。

(1) 试样出现裂纹。

(2) 试验达到 4.5×10^5 次加载循环。

3.6.3 疲劳试验结果与分析

1. B-1 型试样

1）试样情况

试验件试验前后形貌如图 3-7～图 3-9 所示。

图 3-7　试验前形貌(1)

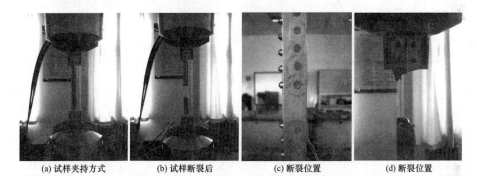

(a) 试样夹持方式　　(b) 试样断裂后　　(c) 断裂位置　　(d) 断裂位置

图 3-8　试验过程中情况

图 3-9　试验后形貌(1)

2）原始数据及筛选

试样 B-1 原始数据记录如表 3-2 所示。由表 3-2 原始数据分析,可计算得出原始数据样本平均值与标准差,如表 3-3 所示。

第一组中子样数为 8,即 $n=8$,$K=1.86$。

根据肖维纳准则判定,编号为 B-1-6 的数据大于临界值,应对其进行剔除;则剩下有效数据应为 7 个,如表 3-4 所示。

表 3-2　B-1 组试样原始数据

序号	试件编号	最大力/kN	N
1	B-1-5	10	72970
2	B-1-6	10	376635
3	B-1-7	10	81014
4	B-1-8	10	167350
5	B-1-9	10	151604
6	B-1-10	10	172880
7	B-1-11	10	80703
8	B-1-12	10	126480

表 3-3　B-1 组数据平均值及标准差计算

序号	试件编号	最大力/kN	N	$\lg N$	平均值 $\bar{x}$	标准差 S	$\dfrac{\lvert x_m - \bar{x}\rvert}{S}$
1	B-1-5	10	72970	4.86			1.227
2	B-1-6	10	376635	5.58			2.045
3	B-1-7	10	81014	4.91			1.000
4	B-1-8	10	167350	5.22	5.13	0.22	0.409
5	B-1-9	10	151604	5.18			0.227
6	B-1-10	10	172880	5.24			0.500
7	B-1-11	10	80703	4.91			1.000
8	B-1-12	10	126480	5.10			0.136

表 3-4　B-1 组筛选后有效试验数据

序号	试件编号	最大力/kN	N
1	B-1-5	10	72970
2	B-1-7	10	81014
3	B-1-8	10	167350

续表

序号	试件编号	最大力/kN	N
4	B–1–9	10	151604
5	B–1–10	10	172880
6	B–1–11	10	80703
7	B–1–12	10	126480

3）筛选数据计算

根据筛选后有效数据（表3–4），进行B–1试样征寿命β和$N_{95/95}$寿命以及DFR（细节疲劳额定值）计算，计算过程及结果如下。

（1）特征寿命β和$N_{95/95}$寿命计算：$\beta = \left[\frac{1}{n}\sum_{i=1}^{n}N_1^a\right]^{1/a} = [1/7 \times (72970^4 + 81014^4 + 167350^4 + 151604^4 + 172880^4 + 80703^4 + 126480^4)]^{1/4} \approx 138499$。

$$N_{95/95} = \frac{\beta}{S_T \times S_C \times S_R} = 138499/(1.3 \times 1.13 \times 2.1) \approx 44896$$

式中：S_T为试件系数；S_C为置信系数；S_R为可靠性系数，数据由查表得出，具体可参考《民机结构耐久性与损伤容限分析》第6章。

（2）DFR值计算：

$$\mathrm{DFR} = \frac{0.94\sigma_{m0}}{0.94\sigma_{m0}/\sigma_{\max}S^{(5-\lg N)} - (0.47S^{(5-\lg N)} - 0.53) - (0.0282S^{(5-\lg N)} + 0.0318)}$$

式中：$\sigma_{\max} = 10\mathrm{kN}/99\mathrm{mm}^2 \times 1000 \approx 101.0\mathrm{MPa}$；$\sigma_{m0} = 310\mathrm{MPa}$；$S = 2$；$N = 44896$。

将上述参数代入公式求解得DFR = 82.4128。

2. B–2型试样

1）试样情况

试验件试验前后形貌如图3–10~图3–12所示。

图3–10 试验前形貌（2）

图3-11 试验过程中形貌(2)

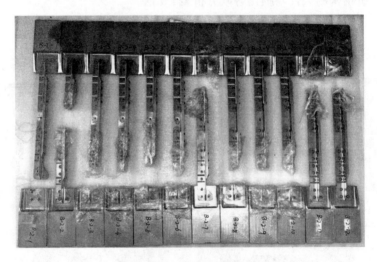

图3-12 试验后形貌(3)

2) 原始数据及筛选

试样B-2原始数据记录如表3-5所示。由表3-5原始数据分析,可计算得出原始数据样本平均值与标准差,如表3-6所示。

第一组中子样数为7,即$n=7$,则查询文献$K=1.80$。

根据肖维纳准则判定则,有效数据应为7个,如表3－7所示。

表3－5 B－2组试样原始数据

序号	试样编号	最大力/kN	N
1	B－2－5	9	166737
2	B－2－6	9	113816
3	B－2－7	9	183524
4	B－2－9	9	174397
5	B－2－10	9	209629
6	B－2－11	9	124042
7	B－2－12	9	146284

表3－6 B－2组数据平均值及标准差计算

序号	试件编号	最大力/kN	N	$\lg N$	平均值 $\bar{x}$	标准差 S	$\dfrac{\lvert x_m - \bar{x} \rvert}{S}$
1	B－2－5	9	166737	5.22			0.35
2	B－2－6	9	113816	5.06			1.51
3	B－2－7	9	183524	5.26			0.81
4	B－2－9	9	174397	5.24	5.19	0.086	0.58
5	B－2－10	9	209629	5.32			1.51
6	B－2－11	9	124042	5.09			1.16
7	B－2－12	9	146284	5.17			0.23

表3－7 B－2组试验件筛选后有效数据

序号	试样编号	最大力/kN	N
1	B－2－5	9	166737
2	B－2－6	9	113816
3	B－2－7	9	183524
4	B－2－9	9	174397
5	B－2－10	9	209629
6	B－2－11	9	124042
7	B－2－12	9	146284

3)筛选数据计算

根据筛选后有效数据(表3－7),进行B－2试样特征寿命 β 和 $N_{95/95}$ 寿命以及DFR值计算,计算过程及结果如下。

(1) 特征寿命 β 和 $N_{95/95}$ 寿命计算：$\beta = \left[\dfrac{1}{n}\sum_{i=1}^{n} N_1^a\right]^{1/a} = [1/7 \times (166737^4 +$
$113816^4 + 183524^4 + 174397^4 + 209629^4 + 124042^4 + 146284^4)]^{1/4} \approx 168374$。

$$N_{95/95} = \dfrac{\beta}{S_T \times S_C \times S_R} = 168374/(1.3 \times 1.13 \times 2.1) \approx 54580$$

(2) DFR 值计算：

$$\text{DFR} = \dfrac{0.94\sigma_{m0}}{0.94\sigma_{m0}/\sigma_{\max}S^{(5-\lg N)} - (0.47S^{(5-\lg N)} - 0.53) - (0.0282S^{(5-\lg N)} + 0.0318)}$$

式中：$\sigma_{\max} = 9\text{kN}/99\text{mm}^2 \times 1000 = 90.9\text{MPa}$；$\sigma_{m0} = 310\text{MPa}$；$S = 2$；$N = 54580$。

将上述参数代入公式求解得 DFR = 77.7674。

3. A-1 型试样

1) 试样情况

试验件试验前后形貌如图 3-13~图 3-16 所示。

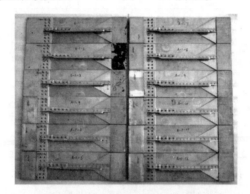

图 3-13　试验前形貌(3)

图 3-14　试验过程中形貌(3)

图 3-15 试验非考核区改良后形貌(1)

(注:由于试验过程中部分试验件出现非考核区裂纹现象,实验组对 A-1 组剩余所有试样进行了非考核区改良。)

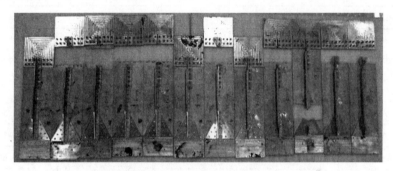

图 3-16 试验后形貌(3)

2) 原始数据及筛选

试样 A-1 原始数据记录如表 3-8 所示。由表 3-8 原始数据分析,可计算得出原始数据样本平均值与标准差,如表 3-9 所示。

第一组中子样数为 6,即 $n=6$,则查询文献 $K=1.73$。

根据肖维纳准则判定则,有效数据应为 6 个,如表 3-10 所示。

表 3-8 A-1 组数据原始数据

编号	试验载荷/kN	频率	疲劳断裂次数	断裂位置	备注
A-1-1	43	10	221941		长桁部位下端出现裂纹,中止试验
A-1-2	43	10	259009	长桁接头和蒙皮	
A-1-3	43	10	162461	长桁接头和蒙皮	

35

续表

编号	试验载荷/kN	频率	疲劳断裂次数	断裂位置	备注
A-1-4	43	10	200036		长桁接头和蒙皮
A-1-5	43	10	131743		接头与蒙皮位置
A-1-6	43	10	148342		长桁下端先出裂纹,中止试验
A-1-7	43	10	135576		长桁接头和蒙皮
A-1-8	43	10	135772		长桁部位下端出现裂纹,中止试验
A-1-9	43	10	177799		长桁部位下端三角区先出现裂纹,与设计沟通后在三角区加装铆钉继续试验;长桁下端2个铆钉断裂更换后继续试验;最终接头先出现断裂
A-1-10	39	12	284500		第一件试探试验,非考核区断裂
A-1-11	最大力130.66				接头与蒙皮位置
A-1-12	最大力134.75				接头与蒙皮位置

表3-9 A-1组试样计算试样平均值和标准差结果

序号	试件编号	最大力/kN	N	$\lg N$	平均值 $\bar{x}$	标准差 S	$\dfrac{\lvert x_m - \bar{x}\rvert}{S}$
1	A-1-2	43	259009	5.4			1.50000
2	A-1-3	43	162461	5.2			0.16667
3	A-1-4	43	200036	5.3	5.22	0.12	0.66667
4	A-1-5	43	131743	5.1			1.0000
5	A-1-7	43	135576	5.1			1.0000
6	A-1-9	43	177799	5.2			0.16667

表3-10 A-1组试样筛选后有效数据

序号	试样编号	最大力/kN	N
1	A-1-2	43	259009
2	A-1-3	43	162461
3	A-1-4	43	200036
4	A-1-5	43	131743
5	A-1-7	43	135576
6	A-1-9	43	177799

3）筛选数据及计算

根据筛选后有效数据(表3-10)，进行A-1试样特征寿命β和$N_{95/95}$寿命以及DFR值计算，计算过程及结果如下。

（1）特征寿命β和$N_{95/95}$寿命计算：

$$\beta = \left[\frac{1}{n}\sum_{i=1}^{n} N_1^a\right]^{1/a} = [1/6 \times (259009^4 + 162461^4 + 200036^4 + 131743^4 + 135576^4 + 177799^4)]^{1/4} \approx 193645$$

根据HB 7110—94《金属材料细节疲劳额定强度截止值(DFR$_{cutoff}$)试验方法》查表可知，当$n=6$时，$S_C=1.15$，则

$$N_{95/95} = \frac{\beta}{S_T \times S_C \times S_R} = 193645/(1.3 \times 1.15 \times 2.1) \approx 61680$$

（2）DFR值计算：

$$\mathrm{DFR} = \frac{0.94\sigma_{m0}}{0.94\sigma_{m0}/\sigma_{\max}S^{(5-\lg N)} - (0.47S^{(5-\lg N)} - 0.53) - (0.0282S^{(5-\lg N)} + 0.0318)}$$

式中：$\sigma_{\max} = 43\mathrm{kN}/367\mathrm{mm}^2 \times 1000 = 117.2\mathrm{MPa}$；$\sigma_{m0} = 310\mathrm{MPa}$；$S=2$；$N=61680$。

将上述参数代入公式求解得DFR=104.2。

4. A-2型试样

1）试样情况

试验件试验前后形貌如图3-17~图3-20所示。

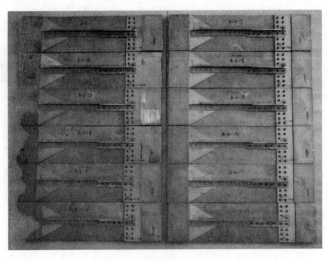

图3-17 试验前形貌(4)

图 3-18 试验过程中形貌(4)

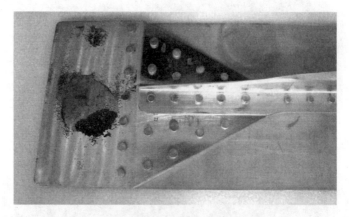

图 3-19 试样非考核区改良后形貌(2)

（注：由于试验过程中部分试验件出现非考核区裂纹现象，实验组对 A-2 组剩余所有试样进行了非考核区改良。）

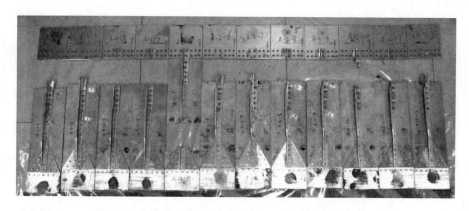

图 3-20 试验后形貌(4)

2）原始数据及筛选

试样 A-2 原始数据记录如表 3-11 所示。由表 3-11 原始数据分析,可计算得出原始数据样本平均值与标准差,如表 3-12 所示。

第一组中子样数为 10,即 $n=10$,则查询文献 $K=1.96$。

根据肖维纳准则判定则,有效数据应为 9 个,如表 3-13 所示。

表 3-11　A-2 组原始数据

编号	试验载荷/kN	频率	疲劳断裂次数	断裂位置	备注
A-2-1	127.95	—	—	长桁接头和蒙皮	静载
A-2-2	130.69	—	—	长桁接头和蒙皮	静载
A-2-3	43	10	221268	长桁接头和蒙皮	长桁下端裂纹,蒙皮接头断裂
A-2-4	43	10	210261	长桁接头和蒙皮	长桁下端裂纹,蒙皮接头断裂
A-2-5	43	10	404491	非考核区	长桁下端裂纹,长桁下端非考核区断裂（7 个半钉）
A-2-6	43	10	131505	长桁接头和蒙皮	蒙皮裂纹并先断裂（7 个半钉）
A-2-7	43	10	118411	长桁接头和蒙皮	蒙皮裂纹并先断裂（7 个半钉）
A-2-8	43	10	165604	长桁接头和蒙皮	蒙皮裂纹并先断裂（7 个半钉）

续表

编号	试验载荷/kN	频率	疲劳断裂次数	断裂位置	备注
A-2-9	43	10	216148	长桁接头和蒙皮	蒙皮裂纹并先断裂（7个半钉）
A-2-10	43	10	180225	长桁接头和蒙皮	蒙皮裂纹并先断裂（7个半钉）
A-2-11	43	10	131505	长桁接头和蒙皮	蒙皮裂纹并先断裂（7个半钉）
A-2-12	43	10	221717	长桁接头和蒙皮	长桁下端出现裂纹，蒙皮裂纹并断裂（7个半钉）

表3-12 A-2组数据有效数据筛选

序号	试件编号	最大力/kN	N	$\lg N$	平均值 $\bar{x}$	标准差 S	$\dfrac{\lvert x_m - \bar{x} \rvert}{S}$
1	A-2-3	43	221268	5.34	5.27	0.15	0.46667
2	A-2-4	43	210261	5.32			0.33333
3	A-2-5	43	404491	5.61			2.26667
4	A-2-6	43	131505	5.12			1.00000
5	A-2-7	43	118411	5.07			1.33333
6	A-2-8	43	165604	5.22			0.33333
7	A-2-9	43	216148	5.33			0.40000
8	A-2-10	43	180225	5.26			0.06667
9	A-2-11	43	131505	5.12			1.00000
10	A-2-12	43	221717	5.35			0.53333

表3-13 A-2组试样有效数据

序号	试样编号	最大力/kN	N
1	A-2-3	43	221268
2	A-2-4	43	210261
3	A-2-6	43	131505
4	A-2-7	43	118411
5	A-2-8	43	165604
6	A-2-9	43	216148
7	A-2-10	43	180225
8	A-2-11	43	131505
9	A-2-12	43	221717

3) 筛选数据及计算值

根据筛选后有效数据(表3-13),进行 A-2 试样征寿命 β 和 $N_{95/95}$ 寿命以及 DFR 值计算,计算过程及结果如下。

(1) 特征寿命 β 和 $N_{95/95}$ 寿命计算:

$$\beta = \left[\frac{1}{n}\sum_{i=1}^{n}N_i^a\right]^{\frac{1}{a}} = [1/9 \times (221268^4 + 210261^4 + 131505^4 + 118411^4 + 165604^4 + 216148^4 + 180225^4 + 131505^4 + 221717^4)]^{1/4} \approx 189282$$

根据 HB 7110—94《金属材料细节疲劳额定强度截止值(DFR$_{cutoff}$)试验方法》查表可知,当 $n=9$ 时,$S_C = 1.12$,则

$$N_{95/95} = \frac{\beta}{S_T \times S_C \times S_R} = 189282/(1.3 \times 1.12 \times 2.1) \approx 61905$$

(2) DFR 值计算:

$$\text{DFR} = \frac{0.94\sigma_{m0}}{0.94\sigma_{m0}/\sigma_{max}S^{(5-\lg N)} - (0.47S^{(5-\lg N)} - 0.53) - (0.0282S^{(5-\lg N)} + 0.0318)}$$

式中: $\sigma_{max} = 43\text{kN}/367\text{mm}^2 \times 1000 \approx 117.2\text{MPa}$;$\sigma_{m0} = 310\text{MPa}$;$S = 2$;$N = 61905$。

将上述参数代入公式求解得 DFR = 147.5。

5. A-3 型试样

1) 试样情况

试验件试验前后形貌如图3-21~图3-24 所示。

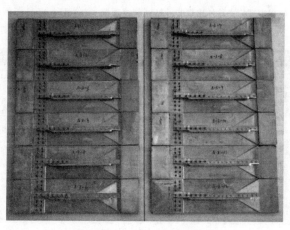

图3-21 试验前形貌(5)

图 3-22　试验过程中形貌(5)

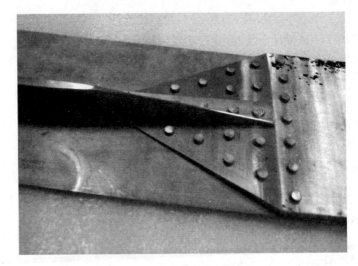

图 3-23　试样非考核区改良后形貌(3)

（注：由于试验过程中部分试验件出现非考核区裂纹现象，实验组对 A-3 组剩余所有试样进行了非考核区改良。）

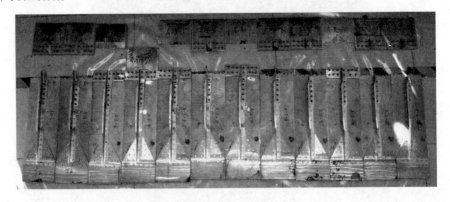

图 3-24　试验后形貌(5)

2）原始数据及筛选

试样 A-3 原始数据记录如表 3-14 所示。由表 3-14 原始数据分析,可计算得出原始数据样本平均值与标准差,如表 3-15 所示。

表 3-14 A-3 组原始数据

编号	试验载荷/kN	频率	疲劳断裂次数	断裂位置	备注
A-3-1	125.8	—	—	长桁接头和蒙皮	静载
A-3-2	133.37	—	—	长桁接头和蒙皮	静载
A-3-3	43	10	192530	夹持端	长桁下端微小裂纹
A-3-4	43	10	158475	未断	长桁下端裂纹,停止试验
A-3-5	43	10	208385	长桁接头和夹持端	接头先出裂纹,后夹持端裂纹,接头先断,后夹持端断裂
A-3-6	43	10	106768	长桁接头和蒙皮	蒙皮先出裂纹并断裂
A-3-7	43	10	152208	夹持端	接头先出裂纹,后夹持端裂纹,夹持端断裂
A-3-8	43	10	165560	长桁接头和蒙皮	接头先出裂纹,后蒙皮裂纹断裂
A-3-9	43	10	168931	长桁接头和蒙皮	接头先出裂纹,并断裂
A-3-10	43	10	184670	夹持端	夹持端裂纹并断裂
A-3-11	43	10	158684	长桁接头和蒙皮	接头先出裂纹,长桁下端裂纹,接头蒙皮断裂
A-3-12	43	10	186823	长桁接头和蒙皮	接头先出裂纹,后夹持端裂纹,接头先断,后蒙皮断裂

表 3-15 A-3 组数据有效数据筛选

序号	试件编号	最大力/kN	N	$\lg N$	平均值 $\bar{x}$	标准差 S	$\dfrac{\|x_m - \bar{x}\|}{S}$
1	A-3-3	43	192530	5.28			0.750
2	A-3-5	43	208385	5.32			1.250
3	A-3-6	43	106768	5.03			2.375
4	A-3-7	43	152208	5.18			0.500
5	A-3-8	43	165560	5.22	5.22	0.08	0.000
6	A-3-9	43	168931	5.23			0.125
7	A-3-10	43	184670	5.27			0.625
8	A-3-11	43	158684	5.20			0.250
9	A-3-12	43	186823	5.27			0.625

第一组中子样数为9,即 $n=9$,则查询文献 $K=1.91$。

根据肖维纳准则判定则,有效数据应为8个,如表3–16所示。

表3–16 A–3组试样有效数据

序号	试样编号	最大力/kN	N
1	A–3–3	43	192530
2	A–3–5	43	208385
3	A–3–7	43	152208
4	A–3–8	43	165560
5	A–3–9	43	168931
6	A–3–10	43	184670
7	A–3–11	43	158684
8	A–3–12	43	186823

3)筛选数据及计算值

根据筛选后有效数据(表3–16),进行 A–3 试样特征寿命 β 和 $N_{95/95}$ 寿命以及 DFR 值计算,计算过程及结果如下。

(1)特征寿命 β 和 $N_{95/95}$ 寿命计算:

$$\beta = \left[\frac{1}{n}\sum_{i=1}^{n}N_1^a\right]^{\frac{1}{a}} = [1/8 \times (192530^4 + 208385^4 + 152208^4 +$$

$$165560^4 + 168931^4 + 184670^4 + 158684^4 + 186823^4)]^{1/4} \approx 179889$$

根据 HB 7110—94《金属材料细节疲劳额定强度截止值(DFR$_{cutoff}$)试验方法》查表可知,当 $n=8$ 时,$S_C=1.25$,则

$$N_{95/95} = \frac{\beta}{S_T \times S_C \times S_R} = 179889/(1.3 \times 1.25 \times 2.1) \approx 52715$$

(2)DFR 值计算:

$$DFR = \frac{0.94\sigma_{m0}}{0.94\sigma_{m0}/\sigma_{max}S^{(5-\lg N)} - (0.47S^{(5-\lg N)} - 0.53) - (0.0282S^{(5-\lg N)} + 0.0318)}$$

式中:$\sigma_{max} = 43\text{kN}/367\text{mm}^2 \times 1000 \approx 117.2\text{MPa}$;$\sigma_{m0} = 310\text{MPa}$;$S=2$;$N=52715$。

将上述参数代入公式求解得 DFR = 103.6。

6. A-4型试样

1）试样情况

试验件试验前后形貌如图3-25~图3-28所示。

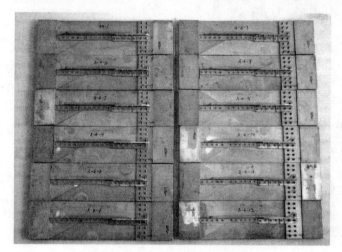

图3-25 试验前形貌(6)

图3-26 试验过程中形貌(6)

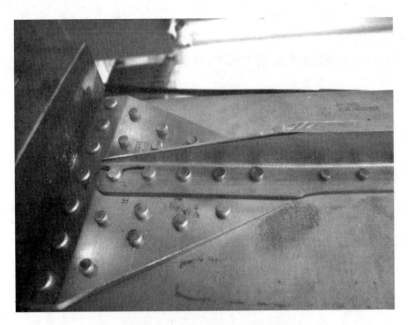

图 3-27 试样非考核区改良后形貌(4)

（注：由于试验过程中部分试验件出现非考核区裂纹现象，实验组对 A-4 组剩余所有试样进行了非考核区改良。）

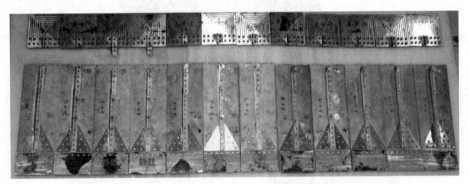

图 3-28 试验后形貌(6)

2）原始数据及筛选

试样 A-4 原始数据记录如表 3-17 所示。由表 3-17 原始数据分析，可计算得出原始数据样本平均值与标准差，如表 3-18 所示。

第一组中子样数为 9，即 $n=9$，则查询文献 $K=1.91$。

根据肖维纳准则判定则，有效数据应为 8 个，如表 3-19 所示。

表 3-17　A-4 组原始数据

编号	试验载荷/kN	频率	疲劳断裂次数	断裂位置	备注
A-4-1	43	10	157318	长桁接头和蒙皮	长桁改良处先出裂纹，后蒙皮出现裂纹
A-4-2	43	10	162802	长桁接头和蒙皮	蒙皮先出裂纹
A-4-3	128.66	—	—	长桁接头和蒙皮	静载
A-4-4	131.89	—	—	长桁接头和蒙皮	静载
A-4-5	43	10	182891	长桁接头和蒙皮	蒙皮先出裂纹
A-4-6	43	10	140318	长桁接头和蒙皮	蒙皮先出裂纹
A-4-7	43	10	238741	长桁接头和蒙皮	蒙皮先出裂纹，长桁出现细微裂纹
A-4-8	43	10	182560	长桁接头和蒙皮	长桁接头先出裂纹并先断裂
A-4-9	43	10	181447	长桁接头和蒙皮	长桁接头先出裂纹并先断裂
A-4-10	43	10	210173	长桁接头和蒙皮	长桁接头先出裂纹并先断裂
A-4-11	43	8	225014	长桁接头和蒙皮	长桁下端先出裂纹，修改后继续试验；长桁接头先出裂纹断裂，长桁中间位置有裂纹
A-4-12	43	10	121141	长桁接头和蒙皮	长桁接头先出裂纹并先断裂

表 3-18　A-4 组数据有效数据筛选

序号	试件编号	最大力/kN	N	$\lg N$	平均值 $\bar{x}$	标准差 S	$\dfrac{\lvert x_m - \bar{x} \rvert}{S}$
1	A-4-1	43	157318	5.20			0.47619
2	A-4-2	43	162802	5.21			0.35714
3	A-4-5	43	182891	5.26			0.23810
4	A-4-6	43	140318	5.15			1.07143
5	A-4-7	43	238741	5.38	5.24	0.084	1.66667
6	A-4-8	43	182560	5.26			0.23810
7	A-4-9	43	181447	5.26			0.23810
8	A-4-10	43	210173	5.32			0.95238
9	A-4-12	43	121141	5.08			1.90476

表 3-19　A-4 组试样有效数据

序号	试样编号	最大力/kN	N
1	A-4-1	43	157318
2	A-4-2	43	162802
3	A-4-5	43	182891
4	A-4-6	43	140318
5	A-4-7	43	238741
6	A-4-8	43	182560
7	A-4-9	43	181447
8	A-4-10	43	210173
9	A-4-12	43	121141

3) 筛选数据及计算值

根据筛选后有效数据（表 3-19），进行 A-4 试样特征寿命 β 和 $N_{95/95}$ 寿命以及 DFR 值计算，计算过程及结果如下。

（1）特征寿命 β 和 $N_{95/95}$ 寿命计算：

$$\beta = \left[\frac{1}{n}\sum_{i=1}^{n} N_1^a\right]^{\frac{1}{a}} = [1/9 \times (157318^4 + 162802^4 + 182891^4 + 140318^4 +$$

$$238741^4 + 182560^4 + 181447^4 + 210173^4 + 121141^4)]^{1/4} \approx 184512$$

根据 HB 7110—94《金属材料细节疲劳额定强度截止值（$\text{DFR}_{\text{cutoff}}$）试验方法》查表可知，当 $n = 9$ 时，$S_C = 1.12$，则

$$N_{95/95} = \frac{\beta}{S_T \times S_C \times S_R} = 184512/(1.3 \times 1.12 \times 2.1) \approx 60345$$

（2）DFR 值计算：

$$\text{DFR} = \frac{0.94\sigma_{m0}}{0.94\sigma_{m0}/\sigma_{\max} S^{(5-\lg N)} - (0.47 S^{(5-\lg N)} - 0.53) - (0.0282 S^{(5-\lg N)} + 0.0318)}$$

式中：$\sigma_{\max} = 43\text{kN}/367\text{mm}^2 \times 1000 \approx 117.2\text{MPa}$；$\sigma_{m0} = 310\text{MPa}$；$S = 2$；$N = 60345$。

对 2A97 铝合金进行静力试验，检验材质强度是否符合热处理要求，同时根据此确定各级应力水平，随后进行疲劳试验。对前期得到的疲劳试验结果进行初步数据处理，然后按照肖维纳准则进行异常数据处理。每组数据首先按照原始数据进行计算特征寿命和 $N_{95/95}$ 寿命，并计算相应 DFR。根据计算相应数值为新型铝锂合金长桁与加强框连接疲劳寿命提供参考数据。

3.7　铸造过程中控制

铸造比其他制造工艺（锻造、切削加工等）能较为方便地制造出形状复杂的零件，而且成本较低。当采用精密铸造、压力铸造等方法时，能获得精度、光度较高，质量较好的铸件，可以减少或不再进行切削加工，这对于切削性能不好的超高强度合金及高温合金具有重要意义。

根据铸件材料及工艺特点控制铸造过程可能带来的腐蚀潜在影响，确保产品的使用寿命，铸造过程应满足以下要求：

（1）铸造内部及表面的铸造缺陷，如表面凹坑、内部的成分偏析、晶粒大小、流向以及有害杂质组分都是决定铸件在使用环境中腐蚀行为的重要因素。

（2）铸造前应彻底清理干净熔化坩埚、工具、模具等，以防止有害元素的污染。

（3）所有的合金组分材料、添加剂、涂料、过滤网、型砂、芯砂等都应通过入厂验收符合标准要求，严禁混入有害杂质以及腐蚀性物质。

（4）严格按工艺规格控制熔化过程的温度、浇注温度、浇注转移时间以及浇注时间，这一过程是决定铸件内部缺陷的关键过程。

（5）铸件清理：当用冷却介质时，应选用对铸件无腐蚀的冷却介质；当不用介质时，应防止过烧；当采用吹砂处理时，应选用合适的吹砂介质，有色金属严禁使用铁砂。

（6）铸件经荧光渗透检查后应将荧光渗透液彻底清洗干净。

（7）对精铸件应注意控制表面脱碳、氧化。

（8）当铸件上有镶嵌件时，应注意它们之间的电位差，采取相应的保护措施（如电镀层）防止产生电化学腐蚀。

（9）采用精密铸造或压力铸造能尽量减少铸件孔洞、砂眼，以避免吸收水分、积尘或其他腐蚀介质而产生的腐蚀。

（10）多孔铸件：多孔的表面是最易受腐蚀的。在孔穴中集中了潮气、灰尘和其他污染，不仅使该处受腐蚀，而且使邻近部分也遭到破坏，防止多孔铸件的出现和使用。

（11）钢铸件最好不采用化学氧化（发蓝）。

（12）铝铸件若针孔超过3级，则应选用铬酸阳极化，而不选用硫酸阳极化。这是因为硫酸阳极化溶液残留在零件的缝隙中，能引起基体金属腐蚀，而铬酸阳极化溶液对铝合金的腐蚀能力弱。

（13）一般来说，铝铸件抗应力腐蚀的能力是相当强的，而且铸件的三个方向性能是一致的。

（14）高强度铸造铝合金在 T7 状态时（淬火过时效）无晶间腐蚀、抗应力腐蚀性最佳，设计上可以选用。

（15）压铸件上的镶件、铸件和镶件之间若有电化学作用存在，则镶件外表面需要镀层。

（16）用砂型或硬模铸造的黑色或有色金属零件一般不采用电镀层来保护。若必须用电镀层来防止铸件腐蚀时，建议将零件表面孔隙消除后再进行处理。

3.8　锻造过程中的控制

工作条件严峻的关键受力件多为锻造而成，应力腐蚀是结构钢、高强度铝合金和某些不锈钢锻件的主要故障。采用下列措施，有利于控制锻件的应力腐蚀。

（1）选用自由锻件高强度铝合金，自由锻件比模锻件抗应力腐蚀性能要好。

（2）主应力、流线方向和分模面的匹配。

（3）减少或消除流线末端外露。

（4）采用空心无缝锻件。

（5）在分模线上设置凸起，使其能容纳端向流线。

（6）重新布置分模线。

（7）采用消除残余应力的处理。

（8）选用的润滑剂对锻件材料无腐蚀性，建议：对钢、铝选用石墨润滑剂；钛合金选用玻璃润滑剂；非建议用品有试验或使用证明不引起锻件腐蚀才可以使用。

（9）用酸洗方法去除氧化皮，去除后，锻件必须彻底清洗干净。

（10）高强度铝合金可采用过时效回火处理（如 7075 - T73、LC9CGS1）提高抗剥蚀性能和抗应力腐蚀性能。

（11）应避免金属流线呈涡流、穿流和流线末端外露，锻件表面的折叠应去除。

（12）铝（如 7075、7A09）锻件可通过过时效回火处理来提高其抗剥蚀和抗应力腐蚀的性能。

（13）应采用热处理、矫直和机械加工等确保残余拉伸应力减至最小。

（14）为了防止氧化、脱碳、合金贫化、渗氢、渗氧等现象，结构钢、高温合金、钛合金、铜合金、铝合金、镁合金、难熔合金等在锻造加热时，均可采用防护润滑剂。尤其对于精锻、高能高速锻造、难变形材料热挤压、高温锻造、热等静压等新工艺，防护润滑问题尤为重要。

3.9 机械加工过程中腐蚀防护控制

3.9.1 常规机械加工过程腐蚀防护控制

（1）机械加工时采用无冷、热应力集中的工艺,避免使用应力、装配应力和残余应力在同一个方向上叠加,严格按热处理规范进行处理。

（2）材料最好在正火状态下进行机械加工。有条件的情况下可加工完后进行退火处理;在退火状态下加工零件的残余应力较小,如果能在加工以后进行消除应力的热处理,就可降低发生腐蚀的倾向。

（3）零件加工或设备组装后,应清除多余物,螺纹件不应有毛刺或伤痕。轴承件转动应灵活,接触面不应有锈蚀、痕迹等缺陷。

（4）机械加工过程还应注意以下事项:

① 下列情况需要油封处理:

a. 钢件机加后,只要有一个面达到了图纸尺寸,在加工组合或送交下道工序前。

b. 铝、铜及合金(青铜除外)、钛及钛合金(紧固件除外)加工后将冷却液和污物擦干净,工序间停放时间超过一个月。

c. 凡吹砂又不能做防锈处理的零件,并且不能马上进行表面处理。

d. 镀锌、镀镉、发蓝、磷化、局部电镀,除要涂漆的以外。

e. 机加精密配合表面。

② 切削液、冷却液、润滑剂、清洗液等对金属应无腐蚀性,选择含硫或氯切削油加工有色金属后应清洗干净并(用防锈油脂,如 F-35 防锈油)做防锈处理。

③ 防止低熔点合金及异类金属黏附零件,不同金属及不同表面处理的零件不得相互接触存放。

④ 防止积油、积水,防止与各种污物及其他有害物质接触。

⑤ 机械加工过程中应控制进刀量、转速、磨削温度、最大去除量等,高强度钢机械加工后应进行磨蚀烧伤检查。

⑥ 锻件机械加工时,应避免或减少锻压纤维线的切断而外露,以提高抗应力腐蚀性能,但应将表面脱碳、氧化、微小裂纹等缺陷彻底切除。

3.9.2 特种加工过程中腐蚀防护控制

特种加工技术是借助于电能、热能、声能、光能、电化学能、化学能及特殊机械能等多种能量或它们的组合来实现材料切割、打孔、连接或施加涂层的加工方法。例如，电火花切割、电子束焊接、化学铣切、等离子喷涂、离子注入等。这是近代加工技术的发展，是电子束、激光束、离子束等高能速流加电化学腐蚀原理进入加工领域研究和发展的结果，也是顺应难切割材料加工、复杂型面、精密表面及特殊零件的加工需求和发展的结果。

特种加工技术特点：一是需要特种能量；二是需要加工介质；三是需要相应的辅助设备和设施。从腐蚀控制角度分析问题，特别要关注加工介质可能带来的作用和影响。

1. 电解加工

电解加工是一种电化学加工技术，是利用电化学腐蚀原理，在侵蚀介质中作为阳极的工件被加速腐蚀（加速溶解）的一种加工技术，电解加工中的电解液是十分重要的，随不同材料差别很大。

（1）电解加工过程中，一般会析出氯气、氢气，这些气体对人体、厂房及厂房内的各种设备都有危害，而且氯气很容易与空气中的水汽结合，形成盐酸，侵蚀厂房和设备，所以要注意控制氯气的逸出，同时还要采取防护措施。

（2）电解液中除了有 $NaCl$、$NaNO_3$ 等工作介质，还有大量的被溶解下来的金属元素，尤其是重金属，如镍、钴、铜等对人都有侵害，不允许排放，所以在建设电解加工厂房时，要建立对这些废液进行处理的设施，防止对人、水质、周围设备和设施的腐蚀侵害。

2. 电火花加工

电火花加工是通过工具电极和工件电极之间脉冲放电的电腐蚀作用对工件进行加工的方法，主要工作介质是煤油等，需要注意以下几点。

（1）电火花加工过程中会产生环烷、一氧化碳、丙烯醛、氰化氢等对人体有害的气体，同时，这些气体在潮湿空气中，也会显著加速大气对金属材料的腐蚀，所以电火花加工厂房及设备也要提高防腐蚀等级，同时通风排放不能造成对其他部门的侵蚀。

（2）工作介质采用循环系统，不断地净化和排除工作液中被加工下来的金属材料渣，可以提高效率，减少污染。

（3）加工锻造零件的小孔时，可以用去离子水作为工作介质，但加工铸造耐热合金零件的小孔时，不使用去离子水，否则会产生晶间腐蚀。

（4）金属表面电火花强化过程是工件材料重新合金化的过程，会使强化层产生较大的热应力和组织应力，故强化层金属呈现残余拉应力，这可能降低疲劳性能和腐蚀性能，所以强化工艺确定前，要检查表面应力，尽可能将工艺调整到出现表面压应力的状态或采用后处理排除拉应力。

(5) 电火花加工成型之后,一般均进行加工表面的后置处理,目的是降低表面粗糙度、去除加工表层的微小缺陷、减少或消除表面残余拉应力,这都有利于提高零件的抗腐蚀、抗应力腐蚀的能力。

3. 化学铣切加工

化学铣切加工简称化铣,是依靠化学溶液对工件表面溶解(腐蚀)的一种加工技术,又是电化学腐蚀原理在加工领域的一种应用,也可称为腐蚀加工,其工作(腐蚀)介质随所加工材料不同而存在差异。例如,铝合金采用 NaOH,镁合金采用 H_2SO_4 即可以进行加工,钛合金则非用强酸与弱酸(HF、HNO_3 和 $H_2Cr_2O_7$)的混合液不可,也就是越容易腐蚀的材料越容易化铣(腐蚀)加工,越耐腐蚀的材料越难化铣(腐蚀)加工,要进行全面腐蚀加工(均匀腐蚀)、选择性腐蚀加工(选择性腐蚀)、锥度腐蚀加工、化学去毛刺加工(突出物优先腐蚀)等。化铣要注意控制以下几点。

(1) 化学铣切零件除了应严格控制粗糙度、铣切比、轮廓线精度、表面缺陷、晶间腐蚀深度等,还应注意非化学铣切区及多级台阶的保护。所选用的保护胶应具有弹性好、附着力强、耐化学铣切液的腐蚀、易于分离等特性。

(2) 针对需要化铣的材料,选择合适的腐蚀剂和化铣加工流程,以确保化铣的顺利进行。

(3) 化铣过程中,烟雾、废液和废渣都具有很强的腐蚀性(不是强酸,就是强碱),而且有毒,对人与环境、厂房、设备都会造成侵蚀,一定要采取严格、严密的控制措施:烟雾经过滤净化符合环保要求才能排放;废液、腐蚀液通过再生装置回收;无能力建立再生装置,回收可暂时采用中和处理方法进行废液的处理。

4. 高能束流加工

高能束流加工激光束、电子束和离子束称为高能束流。在这些束流焦点附近可得到 $10^4 \sim 10^5 W/cm^2$ 功率密度的照射,焦点处瞬间产生几千乃至上万摄氏度的高温,而且可以通过辐照亮度进行控制,于是可以用电子束、激光束对金属材料表面进行相变硬化、熔凝、熔覆、非晶化、合金化或诱导沉淀,可以用离子束进行离子注入,或等离子体切割、等离子喷涂。这三束的发明有力促进了表面加工技术的发展,形成了新型表面工程技术,促进形成了表面工程学。而且这些技术还具有清洁生产的特点,在应用中主要应该注意防止高能束流所带来的损伤。例如,激光对人眼的灼伤、致盲,电子束撞击金属产生的 X 射线危害等。

3.9.3 加工成型后的控制

加工成型后要注意以下几点。

(1) 选择正确的中间热处理和最终热处理规范。对材料性能要求严格或对内应力敏感的材料,在成型中应安排消除内应力工序。

(2) 可热处理强化的铝合金零件应尽可能在新淬火状态下加工,并严格加工时间,以获得最佳性能。

(3) 严格控制热成型温度和加热时间。

(4) 下列零件成型后要进行无损检测,以防微裂纹的存在:

① 热成型零件及热压下陷零件。

② 冷压下陷长度与深度比小于6∶1的零件。

③ 时效处理后又进行校形的零件。

④ 新加工状态下加工时间超过规定要求的铝合金零件。

⑤ 防止表面污染造成腐蚀。

3.10 热处理过程中的控制

3.10.1 通用要求

热处理过程中的通用要求如下。

(1) 热处理前应检查零件表面有无碰伤、划伤、锈蚀、防护涂镀层(防渗碳等)破损等情况。进炉前应清洗油污、水、手印等污物。清洗干净后搬运零件应戴干净手套,对夹具也应进行清洁处理。所用的清洗剂对材料应是无腐蚀性的。

(2) 所选择盐浴炉的加热介质不应使被加热制件产生超过规定深度的腐蚀、脱碳以及增碳等缺陷。

(3) 不工作时的淬火槽应用槽盖盖严,以防其他污物污染。盐浴加热淬火用水槽应供给新鲜流动水,以防止水中盐浓度增高而对金属零件产生腐蚀。

(4) 焊接件和铸件不允许在盐浴中热处理以避免腐蚀;带铜制件不允许在通用盐浴中热处理以避免铜的腐蚀。

(5) 在含氢较高的保护气氛中加热淬火的零件应及时除氢和回火,以防止氢脆开裂。高强度钢,尤其是超高强度钢严禁在含氢气氛中热处理。

(6) 零件热处理(盐浴、碱浴)后,应严格采用中和处理以除掉残余盐分、残余碱并干燥。不立即进行表面处理的黑色金属件应进行防锈处理。

(7) 零件最终热处理所产生的氧化皮采用酸洗去除时,应注意防止发生氢脆。

(8) 淬火处理可能会产生较大的残余应力,因此最终热处理后,要进行消除应力处理及去除腐蚀性的残余物。

(9) 对高强度钢、超高强度钢推荐采用真空热处理或可控气氛热处理。对钛合金推荐采用真空热处理。

3.10.2 钢的热处理控制

高强度钢、超高强度钢最终热处理后一般不宜采用酸洗进行清理。当采用酸洗时,酸洗后应及时进行除氢处理。

3.10.3 铝的热处理控制

铝的热处理有以下几点要求。

(1) 对铝合金热处理时,炉内气氛应严禁有硫和水蒸气。

(2) 铝合金包铝板材在进行热处理时,应采用尽可能短的保温时间以防止合金元素向铝层扩散而降低合金的抗蚀性能。

(3) 高强度铝合金应采用减小腐蚀敏感性的热处理制度,如7000系铝合金的T73、T76状态能明显提高合金抗应力腐蚀、抗剥蚀性能,2000系铝合金在T6状态有较好的抗剥蚀及应力腐蚀性能。

3.10.4 钛合金热处理控制

钛合金热处理控制要求如下。

(1) 对钛合金热处理时,炉内气氛应严禁含有还原性气氛。

(2) 钛合金热处理前炉子内应进行专门清理以防止炉内有污染物,炉内严禁采用氢类还原性气氛,以避免产生氢脆。

3.11 表面处理过程中的控制

表面处理过程中的控制要求如下。

(1) 零件经预处理后应严格按相关工艺进行表面处理,以防腐蚀。为提高镀层、阳极化和化学转化膜层的防护性能,须进行封闭处理(铝合金阳极化后采用重铬酸盐填充,效果优于热水封闭);铆接件、点焊件应先镀涂或化学处理,再铆接或点焊。热固性材料、层压材料及吸湿性高、透湿性大的材料,在切削加工后,进行浸涂处理。

(2) 对经电镀、化学镀、盐浴处理,钎焊和熔焊的零件应彻底清洗,除去腐蚀性介质,尤其是孔隙、缝隙、焊接件与盲孔部位,然后进行干燥处理。

(3) 严格地讲,表面处理技术是在金属或非金属零件表面上所进行的各种表面加工技术,如酸洗、吹砂、喷丸、热喷涂、热浸蚀、电镀、油漆等。这种技术是沿用了很长时间的表面保护、精饰或特种功能用的表面技术,用以提高零部件以及整机的耐蚀性、装饰性和多种功能性。因为是在酸、碱、盐的槽液中进行的,所以一定要注意防范,以免带来材料耐蚀性的损伤。

3.11.1 一般要求

表面处理过程中的一般要求如下。

(1) 钛零件或钛紧固件以及与钛接触的零件、要钎焊的零件、与石墨复合材料接触的零件以及 $\sigma_b > 1240$MPa 的钢件禁止镀镉。钛或与钛接触的零件禁止镀银。

(2) 除特殊情况外,机加、成形热处理等应在电镀前进行。钢件喷丸也应在电镀前进行。

(3) 高强度钢专门松孔镀镉(或镀镉钛),镀前应喷砂,消除应力,禁止酸洗,镀后4h内除氢,除氢温度不得高于230℃。消除应力和除氢条件,见表6-1。

(4) 避免采用可能导致渗氢的电镀工艺、酸洗工艺,否则镀后应除氢,除氢条件如表3-20所示。

表3-20 消除应力和除氢条件

钢的最大抗拉强度/MPa	钢的回火温度/℃	消除应力条件		离除氢处理的时间间隔/h	除氢条件					
					一类		二类		三类	
		温度/℃	时间/h		温度/℃	时间/h	温度/℃	时间/h	温度/℃	时间/h
$\sigma_b < 1080$	—	—	—	—	—	—	—	—	—	—
$1080 < \sigma_b \leq 1300$	>200	190±10	≥2	≤10	190±10	≥3	150±10	≥5	190±10	≥3
	≤200	150±10	≥2	≤10	150±10	≥3	150±10	≥5	150±10	≥3
$1300 < \sigma_b \leq 1450$	>200	190±10	≥2	≤4	190±10	≥8	150±10	≥5	190±10	≥3
	≤200	150±10	≥2	≤4	150±10	≥3	150±10	≥5	150±10	≥3
$1450 < \sigma_b \leq 1800$	>200	190±10	≥18	≤4	190±10	≥18	150±10	≥5	190±10	≥4
	≤200	—	—	—	150±10	≥5	150±10	≥3		
$\sigma_b > 1800$	>200	190±10	≥24	≤4	190±10	≥24	150±10	≥5	190±10	≥3
	≤200	150±10	≥2 (渗碳的)	≤4			150±10	≥5	150±10	≥3

3.11.2 表面处理零件交送要求

表面处理零件交送要求如下。

（1）送交电镀的零件应无锈蚀、油污等污物，或只允许有轻微的锈蚀、薄油膜。

（2）零件送到表面处理车间后应尽可能快地进行电镀，以避免该车间内空气的污染与腐蚀。

（3）除特殊情况外，机加工、成型热处理等工序均应在电镀前进行。

（4）所选用的工艺应避免采用可能会导致渗氢的电镀工艺和酸洗工艺，不得已时应采用相应的除氢。例如超高强度钢制螺栓应严禁镀锌，建议采用镉钛镀层或真空镀层。

（5）零件有多种表面处理的，应按合适的工艺顺序进行，在进行其中一项处理时，应对其他已有的处理层或裸金属基体按工程图纸要求或技术文件进行合理的绝缘保护。

（6）钛零件或紧固件、要钎焊的零件、要与石墨复合材料接触的零件应限制镀镉。

（7）不能在钛或与钛接触的零件上镀银。

3.11.3　表面处理前的控制

表面处理前的控制要求如下：

（1）零件经除油后应进行水膜不破裂检查，以确定油污是否除尽。

（2）弹性零件、薄壁零件、高强度钢及高强度钢零件不允许强腐蚀，以避免渗氢。

（3）零件在腐蚀过程中应严格控制侵蚀温度及时间以避免过腐蚀，腐蚀后应进行中和处理以去除残余的酸、碱。

（4）在零件清洗和中和工序时，不同类材料的零件不应同时处理，零件应与槽体绝缘，以防电偶腐蚀。

（5）弹性零件、薄壁零件、高强度钢及超高强度钢零件，以及耐蚀、耐热钢零件不允许采用阴极电解除油，以防止氢脆。带有镀层零件只允许化学除油，钛组合件不能蒸汽除油。

（6）表面处理所用的水质应严格满足相应的工艺标准要求，尤其是镀前最后一道水洗的水质是影响防护层性能的重要因素。极限拉伸强度大于1019.2MPa的低合金钢零件（对于关键部位）在电镀前应进行喷丸处理，以提高抗应力腐蚀、抗疲劳性能。

（7）具有疲劳寿命及抗应力腐蚀要求的钢镀件在电镀前按有关标准规定进行喷丸处理。

3.11.4 预处理的控制

金属或非金属件经过机械加工、热处理、锻造、铸造、焊接、铆接、胶接、下料、成形等加工和处理,或在大气环境中长期存放、周转,难免在其表面上黏附油污、手印或产生氧化物锈蚀、应力等,这些都是影响表面处理层质量特别是结合力的因素,也是预处理要解决的首要问题。

预处理工序所用的方法应根据表面处理层的种类(金属镀层、转化膜层、有机涂层、无机涂层)和零件的材料、形状、尺寸、表面粗糙度、精度、热处理状态以及产品结构(焊接、铆接、胶接等)和最终要求进行合理安排与正确选择。

表面预处理时应注意:

(1) 薄壁零件、弹性零件、超高强度钢和高强度钢零件不允许强浸蚀,以免渗氢;禁用阴极除油(包括耐蚀耐热钢)。零件在浸蚀过程中应严格控制浸蚀温度与时间,以防过腐蚀。浸蚀后应进行中和处理,去除残余的酸/碱。

(2) 带有镀层的零件只可化学除油,钛合金不能蒸汽除油。

(3) 锡焊零件、带有钨接点零件,不应电化学除油。

(4) 铝、铜、锌、锡、铅及其合金的零件,不宜阳极除油。

(5) 铝合金零件氧化后经机械加工等工序,在重新氧化前都要进行除膜处理。

(6) 凡抗拉强度大于1240MPa的黑色金属零件,镀前必须进行消除内应力处理。消除内应力的温度,一般低于该材料回火最低温度30℃。

(7) 零件经预处理后应严格按相关工艺规范进行表面处理,以防腐蚀。

(8) 为提高锌镀层、镉镀层、铝合金阳极化和化学转化膜层的防护性能,须进行封闭(后)处理。

(9) 表面处理后应彻底清洗,以去除残余的酸/碱等,尤其是孔隙、缝隙处,然后进行干燥处理。

(10) 电镀后的零件,尤其是高强度钢、超高强度钢零件,应进行除氢处理,以防氢脆。预处理的分类及适用范围如表3-21所示。

表3-21 预处理的分类及适用范围

分类	方法	适用范围
手工法	手工打磨,有机溶剂清洗,局部保护、绝缘等	零部件和整机喷漆前,涂层的活化处理;表面处理前的启封;局部电镀、局部喷砂前的保护。 手工法劳动强度大,生产效率低,技术安全性差,应用不多,但又不可缺少

续表

分类	方法	适用范围
机械法	喷砂、磨光、抛光、滚光、刷光等	黑色金属工件上的金属镀层、转化膜层、有机涂层、无机涂层的前处理选用喷砂较多;镀铬选用机械抛光较普遍;小件、标准件选用滚光较普遍机械法劳动强度大,劳动条件差喷砂还能改善材料的疲劳性能
化学法	化学除油、酸浸蚀、碱清洗、中和、出光、活化、除膜、除刮灰、化学抛光等	黑色金属、有色金属及非金属材料广泛采用化学法,生产效率高,成本低,能耗小
电化学法	电化学除油,电化学浸蚀,电化学抛光	黑色金属大都采用,一般作为电镀前的工序

3.11.5 表面处理操作过程中的控制

表面处理操作过程中的控制要求如下。

(1) 零件经前处理后应马上进行表面处理,以防腐蚀。零件应以润湿状态入处理槽,有工艺要求时应带电下槽。应按工艺规定严格控制槽液的pH值,尤其对酸性镀液,pH值是影响渗氢(氢脆)的关键因素。

(2) 槽液应定期过滤、清除残渣、定期分析、定期维护。

(3) 应严格按工艺文件控制电流、电压、pH值、温度、时间等工艺参数以及槽液成分。

(4) 高强度钢电镀的操作人员应取得资格证。

(5) 消除应力:结构钢件和不锈钢件的抗拉强度不同,在所处理的温度下时间不同。

(6) 电镀后的除氢:不同钢种强度级别不同,除氢温度和时间不同。

3.11.6 电镀层的质量控制

电镀层的质量控制要求如下。

(1) 镀层厚度凡能与直径为19mm小球相接触的部位,其镀层厚度都应符合设计部门的规定;其余部位的镀层厚度不做要求,但镀层必须连续。零件的深孔、沟槽的内表面允许镀层不连续,但这些部位电镀后需进行防锈处理。采用涡流或磁力测厚仪或使用合适的量具逐槽抽检镀层厚度。要求尺寸镀镉的关键件和重要件100%地检查镀层厚度。

(2) 镀层的耐腐蚀性能每季检查一次,按有关标准要求,对锌镀层、镉镀层和镉-钛合金镀层的耐腐蚀性能进行试验。镀层的耐腐蚀性能应符合标准规定。

（3）氢脆性检查抗拉强度 σ_b >1450MPa 的高强度钢零件在进行镀硬铬或镀镉钛加工时，必须进行氢脆性检查，氢脆性能试样的制造、氢脆性能试验方法和试验结果的评定按有关标准执行。除非另有规定，新配制的槽液和调整之后的槽液均需进行试样氢脆合格性鉴定，鉴定合格之后方可批准用于生产。

（4）镀层的外观质量关键件和重要件应 100% 地进行外观质量检查，一般零件按 GB 12609—2005《电沉积金属覆盖层和相关精饰计数检验抽样程序》要求进行抽检。镀层应结晶细致、均匀并显出镀层基体金属的原色。水印、夹具印以及由于基体表面状态不同而导致的光泽不一致是允许的，但镀层粗糙、烧焦、麻点、起泡以及脱落等缺陷是不允许的。

（5）镀层的结合力每季检查一次，采用 100mm×25mm×1mm 的低碳钢试片或 100mm×100mm 的低碳钢试棒随零件同槽电镀后进行结合力检查，采用刻痕、摩擦抛光或弯断等方法进行检查，以镀层不起泡、起皮或脱落为合格。

3.11.7 阳极化膜及化学转化膜的质量控制

阳极化膜及化学转化膜的质量控制要求如下。

（1）外观质量膜层应该完整、均匀、连续。轻微的色差和夹具印是允许的，若膜层疏松、被机械损伤或被污染，或局部无膜层，则必须予以拒收。经重铬酸盐封闭的铬酸或硫酸阳极化膜层应显出浅金黄至黄绿色的外观，否则应予拒绝。

（2）经过铬酸阳极化的零件，大件 100% 检查，小件抽查，磷酸阳极化或硬阳极化的零件应 100% 地进行外观检查。经硫酸阳极化的关键件和重要件 100% 地进行外观检查，其余零件及经化学转化处理的零件按相关标准抽检。

（3）膜层厚度按相关标准对硫酸阳极化膜及硬阳极化膜的厚度进行检查，保证满足规定的要求。

（4）膜层质量每月一次，按相关标准进行膜层质量检查，未经封闭的铬酸阳极化膜层质量不应低于 $21.5 mg/dm^2$，未经封闭的硫酸阳极化膜层质量不应低于 $64.5 mg/dm^2$，阿洛丁膜质量亦按此方法检查，但采用退除膜层的溶液为 1:1 的硝酸水溶液（体积比），允许的阿洛丁膜质量至少为 $4.3 mg/dm^2$。

（5）耐腐蚀性按相关标准定期对封闭后的硫酸和铬酸阳极化膜及阿洛丁膜进行耐腐蚀（中性盐雾）试验，但保证试样的试验表面与垂直方向的角度应为 6°，试样试验周期、试验时间及结果评定按有关标准规定执行。

（6）进一步防护的要求凡图纸要求喷涂漆的零件，应在硫酸阳极化、铬酸阳极氧化或化学转化之后的 24h 内喷涂漆，在保证表面无污染的条件下，最长可延至48h,磷酸阳极化之后的涂漆应在24h内完成,因故不能如期完工的,应用中性牛皮纸或清洁的塑料薄膜包装存放,以防表面污染,最长间隔可延长至7天。

3.11.8 钛合金零件的酸洗去污

钛合金零件的酸洗去污有以下几点要求。

(1) 一般要求。所有经加热成型的钛合金钣金件以及冷成型后需进行焊接组合的钛合金钣金件,均需进行酸洗去污,以清除氧化皮以及外来污物。致密的氧化皮在酸洗之前应进行熔盐(80%氢氧化钠+20%硝酸钠)松动氧化皮处理。

严禁采用三氯乙烷、三氯乙烯等氯化溶剂对钛和钛合金零件进行清洗与除油。建议采用14:1的硝酸/氢氟酸水溶液进行酸洗。不论采用何种溶液进行酸洗,酸洗后的氢含量都不允许超过标准规定的极限。

(2) 氢含量的控制。经酸洗之后允许的极限含量:TC1和TC2合金的氢含量不得超过120×10^{-6},其他牌号的钛合金氢含量不允许超过150×10^{-6}。

控制方法:每种零件需用2片$4mm \times (100 \sim 150)mm$的定氢试片。试片的牌号、炉号、状态及厚度要与所代表的零件完全相同,仅图号不同,而其他条件完全相同的亦视为同种零件,建议该定氢试片从零件边缘切取。试片随零件一起进行预处理、熔盐松动氧化皮和酸洗,然后提交实验室进行定氢试验。

(3) 外观质量。酸洗后的钛合金零件表面颜色应均匀一致,并显出灰白色的基体外观,不允许有残余氧化皮和过腐蚀现象。由于基体材料表面状态的原因,有时会出现优先腐蚀或出现岛状物。当优先腐蚀的深度或岛状物的高度不大于规定值时,不需补充处理;超过时,用手工打磨的方法加以清除。

(4) 除氢。当酸洗后的氢含量超过工业行业标准规定的极限时,应按相应的热处理说明书进行真空除氢处理。

3.12 焊接过程中的控制

焊接件的优点是能够制造形状复杂的构件,节省材料,减轻结构重量,保证密封性,工艺较简便。因此,它补充了切削加工件和钣金件的某些不足,在机械制造业中广泛采用。但是焊接件也存在质量不易保证、焊缝区域力学性能有所降低、抗疲劳性能较差、焊接残余应力和变形较大等缺点。

在机械制造工业中常用的焊接方法有熔焊(如电弧焊、氩弧焊、原子氢焊、氧乙炔焊、二氧化碳气体保护焊等离子焊)、接触焊(如点焊和滚焊)、钎焊和摩擦焊。

焊接件腐蚀预防与控制除按正常的防护系统处理外,操作人员还必须注意以下内容。

3.12.1 一般要求

焊接过程中的一般控制要求如下。

(1) 在熔焊过程中,由于焊接接头各区域的热影响不同,致使焊接接头的组织、形态、应力分布不均匀,从而导致焊接接头在腐蚀介质中的腐蚀行为不一致。

(2) 焊前应打磨清洗干净。焊后应中和清洗,特别要对钎焊之后钎焊剂进行彻底清洗,以防焊剂的腐蚀。

(3) 所用焊条的材料成分应与基体金属相近,或使用电位更高一些的焊条。

(4) 对氢脆敏感性的焊条,不要在含氢的环境条件下进行焊接。

(5) 要合理安排焊接工序,如电镀镉后的结构钢不能焊接,确要焊接时,须在镀镉前进行焊接。

(6) 严格控制焊缝金属的纯度和致密性,不应有裂纹存在。

(7) 焊后应清理焊渣,应采用无损检测方法检查内部缺陷(如气孔、未焊透、夹渣、裂纹等),发现后应排除掉。

(8) 要求钎焊的零件,镀锌层或镀镉层不应钝化。焊接件的最后热处理最好在焊后进行,这样,除了获得所需力学性能,还可恢复焊接区域金属的抗蚀性以及消除内应力;重要的焊接件未经适当消除应力时应禁止使用。

(9) 表面有锌、镉镀层的焊接件(如点焊件),因特殊情况不得不在镀前焊接的情况下,应将焊接处的镀层除掉之后方可焊接,以免产生熔融金属应力腐蚀开裂。

(10) 0Cr18Ni 和 1Cr18Ni9Ti 钢制成的零件,经焊接后不一定进行热处理,但需采用同一类型的相应焊条,以便使焊缝保持高的抗蚀性。

3.12.2 钢制焊接件的表面处理

钢制焊接件的表面处理要求如下。

(1) 表面处理一般应在焊接(包括钎焊)后进行。

(2) 不能从缝隙中完全清洗掉电解液的焊接件不应电镀。可以采用涂漆或金属喷镀的方法。

(3) 需镀镉的焊接件不允许有未焊死的焊缝及超过 HB 5135—2000《结构钢和不锈钢熔焊头质量检验》结构钢和不锈钢熔焊接头质量检验(试行)规定的气孔。

(4) 需进行化学氧化(发蓝)处理的焊接钢件,在焊缝处不应有松孔(未焊透)或夹渣。用锡或锡钎焊料钎焊的零件不允许化学氧化处理。

(5)带内腔的焊接零件、单面焊缝的搭接焊接件、板片之间有间隙的带孔板片焊接件以及有点焊或滚焊焊缝的焊接件等,不应采用电镀或磷化处理,而应采用喷涂油漆。

(6)当焊接后不可能进行表面处理时,可在焊接前进行。此时在焊接边缘及邻边20mm宽的区域内,表面处理层应该清除干净。

(7)用软焊料钎焊时,在零件上或钎焊焊缝处可电镀不影响钎焊过程的镀层(如镀锌、镀锡、镀镍)。

(8)不含有内腔的钢焊接件可进行磷化处理,并涂底漆和磁漆;具有内腔的焊接件涂磷化底漆,并涂两层磁漆,或喷涂锌层,并涂磁漆。其内表面能涂漆的,可涂底漆;不能涂漆的,可以从工艺孔充填防锈油。

3.12.3　铝合金焊接件的表面处理

铝合金焊接件的表面处理要求如下。

(1)表面处理一般应在焊接后进行。

(2)当管材与其他金属接触或搭接焊时,不能进行电化学和化学氧化,可采用喷涂油漆。

(3)点焊件不能进行电镀和阳极化,应采用化学氧化并涂油漆;电镀或阳极化件不能进行点焊。

3.12.4　其他焊接件的处理

其他焊接件的处理要求如下。

(1)应采取合适措施防止产生裂纹。例如,用30CrMnSiNi2A钢制造焊接件时,零件应焊前预热,焊后高温回火;采用低氢焊条,焊前坡口严格清理;当采用加封口焊接时,应制成2~3mm的圆弧。

(2)表面有锌、镉镀层的焊接件,焊前应去除镀层。

(3)焊前应打磨、清洗干净。

(4)异种金属焊接件涂层涂敷宽度至少应超过热影响区10mm。

(5)焊条的材料成分应与基体金属相近,或使用电位更高一些的焊条。对氢脆敏感的焊条,不要在含氢的环境中进行焊接。

3.12.5　胶接、胶焊过程中的控制

胶接是通过胶黏剂把两个或两个以上零件黏合在一起,并具有一定强度的连接方式。胶接作为机械制造中金属零件之间的连接,近年来发展很快,现在国

内外仪器、仪表、电子、航空、航天使用广泛。例如,采用双层、三层或搭接的钣金胶接壁板胶接可使应力分布均匀,从而显著提高疲劳寿命,显著减少音频疲劳效应,并减轻了结构重量。由于省去许多连接件,避免了铆接结构常见的铆钉部位的局部腐蚀现象,提高了耐久性。

为了预防与控制胶接件的腐蚀,必须注意以下几点:

(1) 对胶缝的要求:胶缝边缘(特别是采用载体胶膜的胶缝边缘)直接暴露在大气中,易受环境条件影响,故要求胶硬平滑、致密,必要时涂装或涂密封胶封严保护。

(2) 铝合金表面处理的选择:各种胶黏剂对铝合金不同表面处理状态的适应性是不同的。表面处理选择不当,会导致胶接强度降低。因此,在选定胶黏剂后,需通过试验,确定合适的表面处理方法。无毒且胶接质量稳定的磷酸阳极化已普遍选用,这种磷酸阳极化解决了胶接结构的脱胶和腐蚀两大问题。

(3) 铝合金2A12在温度大于150℃、LC4在温度大于125℃时,耐腐蚀稳定性降低,有晶间腐蚀倾向。当前结构胶黏剂的固化温度多在150~180℃,故采用此种胶黏剂胶接2A12铝合金制成的零件时,零件的热处理宜采用人工时效。对于包铝的板材、型材,胶接后需涂装。对于厚度小于1mm的铝板,建议采用加厚铝层的板材。

(4) 尽量采用同一种材料零件的胶接。必须采用不同材料零件的胶接时,材料种类应尽量减少。在结构设计上,应使附加应力减至最小。附加应力是由于材料热膨胀系数的差别引起的。

(5) 胶线的电化学腐蚀及其控制措施:胶接结构件要求胶接的部位采用无包铝层的铝板;采用胶线密封方法来防止水分渗入,能明显减缓腐蚀脱层的严重性等。

(6) 胶焊是胶接与点焊的复合连接,综合受力好,应力集中小,大大提高了抗疲劳强度,胶接面充满胶层,密封性好,阻止了大气对焊点的侵蚀,并可以在胶接点焊后根据需要,选择性地采用防腐蚀能力强的硫酸阳极化表面处理。由于胶焊有上述优点,国内外已有采用。

第4章 标准件控制

4.1 施加涂层过程中的控制

4.1.1 涂料质量控制

为了达到有效防止金属腐蚀的目的,施加涂层的过程中要注意下列各点,以防止有机涂层起皱、起皮、脱落、失去防护效果。

设备涂漆工艺质量控制应参照 HB 6733—93《飞机零部件和整机涂漆工艺质量控制》的规定执行。

4.1.2 喷涂过程中的控制

涂层质量的优劣,不仅取决于涂料本身的质量,还取决于施工工艺的质量。工艺质量包括涂漆前的表面准备、涂料的准备、施工环境条件、施工要点和对涂层的检验等,应严格按相关工艺规范执行。

应特别注意涂漆前零部件的表面准备。涂漆前零部件的表面清洁程度,直接影响涂层的附着力,因此脏污表面必须清洗干净;表面处理后的零部件应尽快涂漆。铝及铝合金零部件经阳极化、化学氧化处理后,一般应在 24h 内涂漆;钢制零件磷化后应在 24h 内涂漆,吹砂后应在 6h 内涂漆。整个过程中应避免手触,以防汗渍污染。

(1) 根据钢、铁、铝、镁、钛等不同金属及合金的特点和所遭遇的环境特点,正确选择相应的有机涂料;对于钢铁结构件的重防腐、长寿命涂料的具体要求如下。

① 对钢基体具有良好的结合力,有良好的物理力学性能,如收缩率低,适当的硬度、韧度、耐磨性、耐温性。

② 对环境介质具有良好的耐蚀性,如海洋、工业大气、酸、碱、盐等。

③ 能有效地抵抗各种介质的渗透。

④ 现有施工技术易于进行施工。

⑤ 要有足够的厚度。

(2) 所选用的涂层体系应具有高性能及良好的搭配性,具体内容如下。

① 使钢结构免遭腐蚀的牺牲性底漆。

② 与上下层能良好匹配,防渗性、屏蔽性、耐蚀性能良好的中间层。
③ 抵抗环境侵蚀,耐暴露性能良好,并具有装饰性能的表面层。
④ 在具有良好结合性能的前提下,涂层尽可能厚。

4.1.3 防护层修补控制

对表面镀(涂)层的任何损伤均应进行修复。与其他零件装配后无法修复的表面损伤,应在装配前进行修复,修复用的有机涂料应与未损伤部位使用的有机涂料相同。

制造过程中损伤的防护层应按下列方法修补:
(1) 铝合金零件刷涂阿罗丁后再涂漆保护。
(2) 钢铁零件可涂磷化底漆或涂防锈油保护,也可刷镀镉或低氢脆镀镉(高强度钢)后再涂漆保护。
(3) 在产品维修过程中若对表面镀(涂)层产生任何损伤均应按上述要求进行修复。

4.2 新标准件选用前的性能考核

飞机标准件单机使用数量很大,鉴于海军飞机预期使用的多变性海上气候环境特点,急需开展典型标准件在海洋环境下的环境适应性试验研究。依据"典型标准件环境试验任务书",开展飞机典型标准件及其安装件的海洋大气环境暴露试验,本次试验的目的有以下几个。

(1) 通过典型标准件环境试验的结果,优选出标准件和口盖锁抗腐蚀性能较好的组合装配形式,指导相关标准件的选型设计。
(2) 通过典型标准件实验室加速试验和海洋环境暴露试验的对比论证,检测验证标准件加速环境谱的符合性。
(3) 通过典型标准件环境试验的环境适应性,分析腐蚀成因,提出改进措施。

4.2.1 试验件技术状态及配套清单

本项试验侧重于螺栓螺母、高锁螺栓螺母和口盖锁三类标准件的选型,主要研究螺栓螺母、垫片、开口销、高锁螺栓螺母以及口盖锁标准件的海洋环境适应性。

海洋大气环境暴露试验中,试验件的样本总数为196件/套(件表示安装件数量,套表示未安装件数量)。根据螺栓螺母、高锁螺栓螺母和口盖锁三类标准件及其与不同材料试片的不同组合分为三大类,包括:

(1) 螺栓螺母选型试验件63件/套,其中,螺栓螺母(未安装件)7套,螺栓螺母选型安装件(复材板)35件,螺栓螺母选型安装件(钛合金板)21件。

(2) 高锁螺栓螺母选型试验件105件/套,其中,高锁螺栓螺母(未安装件)7套,高锁螺栓螺母选型安装件(铝合金板)35件,高锁螺栓螺母选型安装件(复材板)28件,高锁螺栓螺母选型安装件(钛合金板)35件。

(3) 口盖锁选型试验件28件/套,其中,口盖锁(未安装件)7套,口盖锁选型安装件(复材板)21件。

海洋大气暴露试验件类型及清单如表4-1所示。

表4-1 海洋大气暴露试验件类型及清单

试验件种类	名称	空白件/(件/套)		海洋大气环境暴晒试验件/(件/套)		合计数量/(套/件)
		安装件/件	未安装件/套	安装件/件	未安装件/套	
		编号	编号	编号	编号	
螺栓螺母选型试验件	螺栓螺母(未安装件)	—	PT2	—	PT6~11	7
	螺栓螺母选型安装件(复材板)	SPTF1-2	—	SPTF1-6~11	—	7
		SPTF2-2	—	SPTF2-6~11	—	7
		SPTF3-2	—	SPTF3-6~11	—	7
		SPTF4-2	—	SPTF4-6~11	—	7
		SPTF5-2	—	SPTF5-6~11	—	7
	螺栓螺母选型安装件(钛合金板)	SPTT1-2	—	SPTT1-6~11	—	7
		SPTT2-2	—	SPTT2-6~11	—	7
		SPTT3-2	—	SPTT3-6~11	—	7
高锁螺栓螺母选型试验件	高锁螺栓螺母(未安装件)	—	GS2	—	GS6~11	7
	高锁螺栓螺母选型安装件(铝合金板)	SGSL1-2	—	SGSL1-6~11	—	7
		SGSL2-2	—	SGSL2-6~11	—	7
		SGSL3-2	—	SGSL3-6~11	—	7
		SGSL4-2	—	SGSL4-6~11	—	7
		SGSL5-2	—	SGSL5-6~11	—	7
	高锁螺栓螺母选型安装件(复材板)	SGSF1-2	—	SGSF1-6~11	—	7
		SGSF2-2	—	SGSF2-6~11	—	7
		SGSF3-2	—	SGSF3-6~11	—	7
		SGSF4-2	—	SGSF4-6~11	—	7

续表

试验件种类	名称	空白件/(件/套)		海洋大气环境暴晒试验件/(件/套)		合计数量/(套/件)
		安装件/件	未安装件/套	安装件/件	未安装件/套	
		编号	编号	编号	编号	
高锁螺栓螺母选型试验件	高锁螺栓螺母选型安装件（钛合金板）	SGST1-2	—	SGST1-6~11	—	7
		SGST2-2	—	SGST2-6~11	—	7
		SGST3-2	—	SGST3-6~11	—	7
		SGST4-2	—	SGST4-6~11	—	7
		SGST5-2	—	SGST5-6~11	—	7
口盖锁选型试验件	口盖锁（未安装件）	—	KG2	—	KG6~11	7
	口盖锁选型安装件（复材板）	SKGF1-2	—	SKGF1-6~11	—	7
		SKGF2-2	—	SKGF2-6~11	—	7
		SKGF3-2	—	SKGF3-6~11	—	7

1. 未安装试验件

未安装试验件分为螺栓螺母、高锁螺栓螺母、口盖锁3类，其中螺栓螺母有8组不同的组合方式，其编号分别为 PTLS1、PTLS2、PTLS3、PTLS4、PTLS5、PTLS6、PTLS7、PTLS8；高锁螺栓螺母有10种不同的组合方式，其编号分别为 GSLS1、GSLS2、GSLS3、GSLS4、GSLS5、GSLS6、GSLS7、GSLS8、GSLS9、GSLS10；口盖锁有3种不同的组合方式，其编号分别为 KGS1、KGS2、KGS3，未安装件组合安装形式如表4-2~表4-4所示。

表4-2 螺栓螺母未安装件组合安装形式

试验件种类	紧固件编号	典型标准件各配件的组合安装				组合安装数量/套
		螺栓代号	螺母代号	垫片	开口销	
螺栓螺母	PTLS1	YSA104-6-6	YSA517-6	HB1-521FA1.5×6	GB/T 91—2000（涂锌）	2×7
	PTLS2	YSA104-6-6	YSA549-6	托板自锁螺母垫片	—	2×7
	PTLS3	YSA104-6A-6	YSA517-6	HB1-521FA1.5×6	GB/T 91—2000（涂铝）	2×7
	PTLS4	YSA104-6B-6	YSA503-6	HB1-521LB1.5×6	—	2×7
	PTLS5	YSA124-6-6	YSA517-6	HB1-521FA1.5×6	GB/T 91—2000	2×7
	PTLS6	YSA104-6-6	YSA503-6	HB1-521LB1.5×6	—	2×7
	PTLS7	YSA124-6C-6	YSA517-6	HB1-521TC1.5×6	GB/T 91—2000	2×7
	PTLS8	YSA124-6A-6	YSA517-6	HB1-521FA1.5×6	GB/T 91—2000（涂铝）	2×7

表4-3 高锁螺栓螺母未安装件组合安装形式

试验件种类	紧固件编号	典型标准件各配件的组合安装				组合安装数量/套
		螺栓代号	螺母代号	垫片	开口销	
高锁螺栓螺母	GSLS1	YSA302-6A-6	YSA361-6	—	—	2×7
	GSLS2	YSA303-6A-6	YSA352-6	—	—	2×7
	GSLS3	YSA303-6B-6	YSA351-6	—	—	2×7
	GSLS4	YSA301-6B-6	YSA351-6	—	—	2×7
	GSLS5	YSA303-6-6	YSA351-6	—	—	2×7
	GSLS6	YSA303-6A-6	YSA361-6	—	—	2×7
	GSLS7	YSA303-6A-6	YSA351-6	—	—	2×7
	GSLS8	YSA303-6-6	YSA352-6	—	—	2×7
	GSLS9	YSA303-6-6	YSA353-6	—	—	2×7
	GSLS10	YSA302-6B-6	YSA362-6	—	—	2×7

表4-4 口盖锁未安装件组合安装形式

试验件种类	试件编号	口盖锁组合安装
口盖锁	KGS1	YSB103-5(钛合金)——螺栓 APPJ21.54-1,下锁体 APPJ21.55,衬套 APPJ21.56-3
	KGS2	YSB103-5(A286)——螺栓 APPJ21.54-1,下锁体 APPJ21.55,衬套 APPJ21.56-3
	KGS3	YSB103-5(合金钢)——螺栓 APPJ21.07-02-2,下锁体 APPJ21.07-01,衬套 APPJ21.56-3

2. 安装试验件

安装试验件分为螺栓螺母选型安装试验件、高锁螺栓螺母选型安装试验件、口盖锁选型安装试验件3类,其中螺栓螺母选型安装件有8组,其编号分别为 SPTF1、SPTF2、SPTF3、SPTF4、SPTF5、SPTT1、SPTT2、SPTT3;高锁螺栓螺母选型安装试验件有14组,其编号为 SGSL1、SGSL2、SGSL3、SGSL4、SGSL5、SGSF1、SGSF2、SGSF3、SGSF4、SGST1、SGST2、SGST3、SGST4、SGST5;口盖锁选型安装试验件分3类,其编号为 SKGF1、SKGF2、SKGF3。具体如表4-5~表4-7所示。

表4-5 螺栓螺母选型安装件组合安装形式

安装件种类	试验件编号	安装件组合安装				
		螺栓代号	螺母代号	垫片	试片	开口销
螺栓螺母选型安装件（复材板）	SPTF1	YSA104-6-6	YSA517-6	HB1-521FA1.5×6	T300/T800碳纤维复合材料板	GB/T 91—2000（涂锌）
	SPTF2	YSA104-6-6	YSA549-6	托板自锁螺母垫片		—
	SPTF3	YSA104-6A-6	YSA517-6	HB1-521FA1.5×6		GB/T 91—2000（涂铝）
	SPTF4	YSA104-6B-6	YSA503-6	HB1-521LB1.5×6		—
	SPTF5	YSA124-6-6	YSA517-6	HB1-521FA1.5×6		GB/T 91—2000
螺栓螺母选型安装件（钛合金板）	SPTT1	YSA104-6-6	YSA503-6	HB1-521LB1.5×6	TC18钛合金板	
	SPTT2	YSA124-6C-6	YSA517-6	HB1-521TC1.5×6		GB/T 91—2000
	SPTT3	YSA124-6A-6	YSA517-6	HB1-521FA1.5×6		GB/T 91—2000（涂铝）

表4-6 高锁螺栓螺母选型安装件组合安装形式

试验件种类	试验件编号	安装件组合安装			
		高锁螺栓代号	高锁螺母代号	试片材料	制孔方式
高锁螺栓螺母选型安装件（铝合金板）	SGSL1	YSA302-6A-6	YSA361-6	2A12-T3铝合金板	干涉
	SGSL2	YSA303-6A-6	YSA352-6		
	SGSL3	YSA303-6B-6	YSA351-6		
	SGSL4	YSA302-6A-6	YSA361-6		间隙
	SGSL5	YSA301-6B-6	YSA351-6		
高锁螺栓螺母选型安装件（复材板）	SGSF1	YSA303-6-6	YSA351-6	T300/T800碳纤维复合材料板	间隙
	SGSF2	YSA301-6B-6	YSA351-6		
	SGSF3	YSA303-6A-6	YSA361-6		
	SGSF4	YSA303-6A-6	YSA351-6		
高锁螺栓螺母选型安装件（钛合金板）	SGST1	YSA303-6-6	YSA351-6	TC18钛合金板	间隙
	SGST2	YSA303-6-6	YSA352-6		
	SGST3	YSA303-6-6	YSA353-6		
	SGST4	YSA302-6A-6	YSA361-6		
	SGST5	YSA302-6B-6	YSA362-6		

表4-7 口盖锁选型安装件组合安装形式

试验件种类	试验件编号	安装件组合安装	
		口盖锁代号	试片
口盖锁选型安装件(复材板)	SKGF1	YSB103-5(钛合金)	T300/T800 碳纤维复合材料板
	SKGF2	YSB103-5(A286)	
	SKGF3	YSB103-5(合金钢)	

4.2.2 典型标准件海洋大气外场暴晒试验

1. 试验环境

针对军用飞机的预期使用环境(高温、寒冷、湿热、霉菌、高盐雾、太阳辐射以及雾天等的恶劣海洋大气环境),选取青岛试验站、万宁试验站开展标准件选型海洋大气环境暴露试验,综合评估/验证典型标准件在不同海域海洋大气环境下的环境适应性。

2. 试验方式

青岛、万宁试验站户外暴露的典型标准件选型安装件按照 GB/T 9276—1996《涂层自然气候暴露试验方法》的规定进行试验,所有试样主受试面朝南,与水平面成 45°角放置或固定于试样架上;典型标准件未安装件应根据试验站现场条件,采用专门固定架/绳固定。海洋大气环境暴露试验件放置/悬挂要求:

(1)应用绝缘体材料制成固定架。
(2)试验件应确保固定在固定架上。
(3)固定架应放置在能充分接受阳光、海风、雾、雨等自然环境的位置。

3. 试验周期

典型标准件及其安装件海洋大气环境暴露试验,应在相应试验站完成 36 个月的海洋大气环境暴露试验后,试验结束。每个周期为 1 年,每个周期结束后取回其中 1/3 的试验件进行外观形貌和相应力矩、重量的检测。其余试验件继续进行后续试验。

4. 实验实施程序

试验实施过程如图 4-1 所示。

1)试验件清洗

所有试验件在试验前按照 ASTM G1—2003《腐蚀试样的制备、清洁处理和评定用标准实施规范》标准进行充分清洗:使用去离子水充分清洗,以除掉油污、尘垢、油脂等。

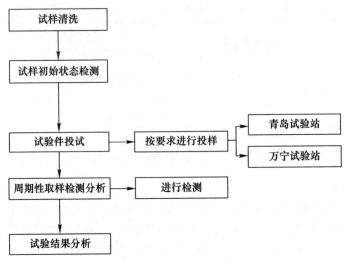

图 4-1 试验实施过程

清洗后,在标准大气条件温度 15~35℃ 和相对湿度不高于 50% 的条件下干燥试验件 24h,放在干燥器皿中短期保存(不应造成二次污染),等待检验及试验。

所有操作过程中操作者均戴手套,避免用手直接触摸。

2) 初始形貌检测

试验前对清洗后的所有试验件进行目测,观察试验件表面有无明显损失,淘汰有明显损伤试验件。对有开口销的试件先取下开口销,然后用数码相机对试验件的正反面初始形貌进行记录,最终所有检测完成后将开口销原样装回。

3) 松脱力矩测试

对螺栓螺母紧固件及其选型安装件和口盖锁及其选型安装件,按照 GJB 715.5—1990《紧固件试验方法托板自锁螺母拧脱》进行松脱力矩测试:将力矩拧紧到固定值(5.8N·m),并用红色记号笔对拧紧位置做记录。

所用到的力矩扳手主要有两种:一种为 Torque Wrench 的 DB6N4-S 型力矩扳手,量程为 0~6N·m;另一种为 ACD 型力矩扳手,量程为 10N·m。

4) 重量检测

在精密天平上对所有试验件进行准确称重,并做好详细记录。最后将开口销装回原位置。所有检测完成后,对每件试验件进行独立包装,防止运输过程中相互之间产生擦伤,送往青岛和万宁试验站进行海洋大气暴露试验。

5）试验件检测

试验过程中,每年暴露试验结束后,首先清洗试验件,然后进行宏/微观形貌检测。其中,螺栓螺母选型安装件和口盖锁选型安装件在每次清洗后进行一次松紧操作,并对紧固件的承载面、螺纹与螺纹接触面、螺栓光杆与试片接触面三个部位重点进行宏/微观形貌检测,同时按 GJB 715.5—1990《紧固件试验方法 托板自锁螺母拧脱》对螺栓螺母紧固件及其选型安装件和口盖锁及其选型安装件进行松脱力矩测试,最后记录检测结果。

采用 GB/T 6461—2002《金属基体上金属和其他无机覆盖层经腐蚀试验后的试样和试件的评级》对试验件分别进行保护评级和腐蚀评级。表4-8 所示为保护评级与外观评级。

保护评级采用的数字评级体系是基于出现腐蚀的基体面积,计算公式为

$$R_P = 3 \times (2 - \lg A) \qquad (4-1)$$

式中:R_P 为化整到最接近的整数;A 为基体金属腐蚀所占总面积的百分数。

表4-8 保护评级与外观评级

缺陷面积 $A/\%$	评级 R_P 或 R_A
无缺陷	10
$0 < A \leq 0.1$	9
$0.1 < A \leq 0.25$	8
$0.25 < A \leq 0.5$	7
$0.5 < A \leq 1.0$	6
$1.0 < A \leq 2.5$	5
$2.5 < A \leq 5.0$	4
$5.0 < A \leq 10$	3
$10 < A \leq 25$	2
$25 < A \leq 50$	1
$50 < A$	0

在外观评级中,按照如下项目评定外观评级:

(1)用表4-8 所列的等级10~0 确定受某一缺陷影响的面积。

(2)对破坏程度的主观评价。例如:

vs = 非常轻度;s = 轻度;m = 中度;x = 重度。

覆盖层破坏类型的分类如表4-9 所示

表4-9 覆盖层破坏类型的分类

A	覆盖层损伤所致的斑点和(或)颜色变化(与明显的机体金属腐蚀产物的颜色不同)
B	很难看得见,甚至看不见的覆盖层腐蚀所致的发暗
C	阳极性覆盖层的腐蚀产物
D	阴极性覆盖层的腐蚀产物
E	表面点蚀(腐蚀坑可能为扩展到基体金属)
F	碎落,起皮,剥落
G	鼓泡
H	开裂
I	龟裂
J	鸡爪状或星状缺陷

5. 投试情况

试验件在青岛试验站的投试情况如图4-2所示,试验件在万宁试验站的投试情况如图4-3所示。

图4-2 试验件在青岛试验站的投试情况

图4-3 试验件在万宁试验站的投试情况

4.2.3 海洋大气环境暴露试验结果与分析

1. 总体腐蚀情况分析

依照典型标准件环境试验大纲的要求,3种类型未安装试验件和3种类型选型安装试验件在青岛、万宁试验站完成第二年的海洋大气环境暴露试验。

未安装试验件共3种类型,分别是螺栓螺母类、高锁螺栓螺母类、口盖锁类。其中,螺栓螺母类未安装试验件有8种组合形式,高锁螺栓螺母类未安装试验件有10种组合形式,口盖锁类未安装试验件有3种组合形式。未安装试验件共3套试验件和1套空白件。按照试验大纲要求,所有未安装试验件均分为3个批次进行取样,具体取样安排为:未安装试验件PTLS、GSLS和KGS后第一个数字为6/9的试验件为经历暴晒第一年后取样,第一个数字为7/10的试验件为经历暴晒第二年后取样,第一个数字为8/11的试验件为经历暴晒第三年后取样。

选型安装试验件有3种类型,分别为螺栓螺母选型安装件、高锁螺栓螺母选型安装件和口盖锁选型安装试验件。螺栓螺母选型安装件有8种组合形式,高锁螺栓螺母选型安装件有14种组合形式,口盖锁选型安装试验件有3种组合形式。按照试验大纲要求,所有安装试验件均分为3个批次进行取样,具体取样安排为:未安装试验件SPTF、SPTT、SKGF、SGSL、SGSF和SGST最后一个数字为6/9的试验件为经历暴晒第一年后取样,最后一个数字为7/10的试验件为经历暴晒第二年后取样,最后一个数字为8/11的试验件为经历暴晒第三年后取样。

每个周期试验结束后,对于螺栓螺母选型安装试验件和口盖锁选型安装件需要进行宏观检测、松脱力矩测试、微观检测、拧紧操作,对于高锁螺栓螺母选型安装件需要进行宏观检测、微观检测,表4-10所示为标准件表面处理字母代号。

表4-10 标准件表面处理字母代号

序号	表面处理代号	对应表面处理
1	Pt. Al + Dp. CA	涂铝 + 十六醇润滑
2	I. V. D + Dp. CA	离子镀铝 + 十六醇润滑
3	EP. Cd. c2C	镀镉 + 二硫化钼
4	Pt. MoS2 + Dp. CA	二硫化钼干膜润滑 + 十六醇润滑
5	Ct. p + pt. MoS2	表面钝化 + 二硫化钼干膜润滑

腐蚀评级依据GB/T 6461—2002《金属基体上金属和其他无机覆盖层经腐蚀试验后的试样和试件的评级》,未安装试验件主要从试验件材质和表面处理组合方式考察腐蚀情况,选型安装试验件在未安装试验件的基础上增加了对装配形式和封包处理的讨论,通过未安装试验件第一年暴露后的腐蚀情况,选出未安装试验件中防腐蚀性能较好的组合形式(材质、表面处理);通过选型安装试验件第一年暴露试验后的腐蚀情况,可以优选出防腐蚀性能较好的组合装配形式(材质、表面处理、装配形式),同时在铝制安装选型试验件中,在同一试验件上考虑封包与不封包两种处理方式,通过试验结果直观了解封包处理对于铝制安装试验件的防腐蚀作用。

表4-11~表4-13所示为第2年未安装试验件暴露后的腐蚀状况,表4-14~表4-17所示为第2年安装选型试验件暴露后的腐蚀状况。

表4-11 第2年螺栓螺母未安装件腐蚀状况

紧固件编号	青岛试验站腐蚀状况						万宁试验站腐蚀状况					
	螺栓头部区域	性能评级	螺纹接触区域	性能评级	螺母区域	性能评级	螺栓头部区域	性能评级	螺纹接触区域	性能评级	螺母区域	性能评级
PTLS1	无明显腐蚀现象	10/3vsA	有少量红褐色腐蚀产物	8/3sC	有少量红褐色腐蚀产物	8/2sC	有轻微腐蚀现象	8/3sC	有大量红褐色腐蚀产物	0/0xC	有大量红褐色腐蚀产物	0/0xC
PTLS2	无明显腐蚀现象	10/5vsA	无明显腐蚀	10/8sB	有红褐色腐蚀产物	3/1sC	有轻微腐蚀现象	10/5vsC	有少量红褐色腐蚀产物	9/8sC	局部有大量红褐色腐蚀产物	3/2xC
PTLS3	无明显腐蚀现象	10/2vsA	有少量红褐色腐蚀产物	6/3vsC	有少量红褐色腐蚀产物	8/4sC	无明显腐蚀现象	10/2vsA	有红褐色腐蚀产物	6/3sC	有大量红褐色腐蚀产物	8/2xC
PTLS4	无明显腐蚀现象	10/5vsA	无明显变化	10/6sA	无明显变化	10/6sA	无明显腐蚀现象	10/5sA	螺纹接触处有大量白色腐蚀产物	5/3mC	无明显变化	10/6sA
PTLS5	无明显腐蚀现象	10/7vsA	有轻微白色腐蚀产物	9/8sC	少量白色盐沉积	9/3sA	无明显腐蚀现象	10/7sA	有微量红褐色腐蚀产物	6/5sC	有大量红褐色腐蚀产物	7/3mC
PTLS6	无明显腐蚀现象	10/6sA	有红褐色腐蚀产物	3/3mC	螺栓表面灰白色盐沉积,垫片有红褐色腐蚀产物	9/3sA	无明显腐蚀现象	10/5vsA	无明显变化	10/6sA	无明显变化	10/6sA
PTLS7	无明显腐蚀现象	10/2sA	有红褐色腐蚀产物	3/2sC	外表面和垫片均有红褐色腐蚀产物	5/2mC	无明显腐蚀现象	10/2sA	有少量红褐色腐蚀产物	3/8sC	外表面一侧有大量红褐色腐蚀产物	3/0xC
PTLS8	无明显变化	10/3sA	无明显变化	10/6sA	外表面和垫片均有红褐色腐蚀产物	5/2mC	无明显变化	10/3sA	无明显变化	10/6sA	外表面和垫片均有红褐色腐蚀产物	5/2xC

表 4-12 第 2 年高锁螺栓螺母未安装件腐蚀状况

紧固件编号	青岛试验站腐蚀状况描述						万宁试验站腐蚀状况描述					
	螺栓头部区域	性能评级	螺母区域	性能评级	螺栓螺纹区域	性能评级	螺栓头部区域	外观评级	螺母区域	外观评级	螺栓螺纹区域	外观评级
GSLS1	无明显变化	10/2mA	无明显变化	10/2sA	无明显变化	10/2sA	无明显变化	10/2sA	局部有白色腐蚀产物	10/2sA	无明显变化	10/2vsC
GSLS2	无明显腐蚀现象	10/2mA	有少量红褐色腐蚀产物	8/5sC	有少量红褐色腐蚀产物	7/1sC	无明显腐蚀现象	10/2mA	有大量红褐色腐蚀产物	3/0xC	无明显变化	10/2vsC
GSLS3	无明显腐蚀现象	10/2mA	无明显变化	10/2sA	有少量红褐色腐蚀产物	9/2sA	无明显腐蚀现象	10/2mA	局部有褐色锈斑	8/4sA	无明显变化	10/2vsC
GSLS4	无明显腐蚀现象	10/2mA	无明显变化	10/2sA	无明显变化	10/2sA	有大量盐沉积和腐蚀产物	0/0xC	局部有褐色锈斑	8/4mC	有大量盐沉积和腐蚀产物	0/0xC
GSLS5	无明显腐蚀现象	10/2mA	无明显变化	10/2sA	无明显变化	9/1sA	无明显变化	10/2mA	局部有少量褐色锈斑	8/2mC	无明显变化	8/1sA
GSLS6	无明显腐蚀现象	10/2mA	无明显变化	10/2sA	无明显变化	10/2mA	无明显腐蚀现象	10/2sA	无明显变化	10/2sA	无明显变化	10/2sA
GSLS7	无明显变化	10/2mA	无明显变化	10/2sA	无明显变化	10/2mA	无明显腐蚀现象	8/2mC	局部有少量褐色锈斑	8/2mC	局部有褐色锈斑	8/4sC
GSLS8	无明显腐蚀现象	10/2mA	有轻微红褐色腐蚀产物	10/8sC	有轻微褐色腐蚀产物	8/2mC	有轻微腐蚀现象	10/7sC	有大量红褐色腐蚀产物	10/2xC	有轻微褐色腐蚀产物	8/1mC
GSLS9	无明显变化	9/2mA	无明显变化	9/2mA	有轻微黄褐色腐蚀产物,有积盐	8/5sC	无明显变化	9/2mA	有大量红褐色腐蚀产物	10/2xC	有轻微黄色腐蚀产物	8/5sC
GSLS10	无明显变化	9/2mA	无明显变化	9/2mA	无明显变化	10/2mA	无明显变化	10/2sA	无明显变化	10/2sA	无明显变化	10/2sA

表4-13 第2年口盖锁未安装试验件腐蚀状况

试件编号	青岛站腐蚀状况描述						万宁站腐蚀状况描述					
	螺栓头部区域	性能评级	螺纹接触区域	性能评级	下锁体区域	性能评级	螺栓头部区域	性能评级	螺纹接触区域	性能评级	下锁体区域	性能评级
KGS1YSB103-5 钛合金	无明显腐蚀现象	9/2mA	螺母螺纹内出现红褐色腐蚀产物,螺栓螺纹无	7/7mC	有大面积红褐色腐蚀产物	0/—	有少量红褐色腐蚀产物	8/2mC	螺母内表面有大量红褐色腐蚀产物	9/2xC	有表面红褐色腐蚀产物	0/—
KGS2YSB103-5 (A286)	无明显变化	10/2mA	螺母内有红褐色腐蚀产物,螺栓螺纹无明显腐蚀	9/2mC	有表面红褐色腐蚀产物	0/—	有轻微红褐色腐蚀产物	10/2mC	螺母内表面出现大量红褐色腐蚀产物,螺栓螺纹也出现大量腐蚀	0/0xC	有表面红褐色腐蚀产物	0/—
KGS3YSB103-5 合金钢	出现黄褐色腐蚀产物	9/2mA	螺母上有白色腐蚀产物	9/2mA	均出现腐蚀产物	7/2mC	出现黑色腐蚀产物	9/2mA	螺母上有白色盐沉积	9/2mC	均出现黑色腐蚀产物	7/2mC

表4-14 第2年暴晒后口盖锁型安装试验件腐蚀状况

试验件编号	青岛站腐蚀状况描述						万宁站腐蚀状况描述					
	螺栓头部区域	性能评级	螺纹接触区域	性能评级	螺母区域	性能评级	螺栓头部区域	性能评级	螺纹接触区域	性能评级	螺母区域	性能评级
SPTF1	螺栓头部未发生腐蚀,承载面无变化	10/4mA	有少量红褐色腐蚀产物	9/2mC	部分位置有红褐色腐蚀产物	7/2mC	螺栓头部有少量褐色腐蚀产物,承载面无变化	8/4mC	有少量红褐色腐蚀产物,部分位置有积盐	7/1xC	有大量红褐色腐蚀产物	7/0xC
SPTF2	螺栓头部未出现腐蚀,承载面无变化	10/6mA	无明显变化	10/3mA	螺母出现微量腐蚀物,垫片、螺母铆钉有腐蚀	9/2sC	螺栓头部未出现腐蚀,承载面无变化	10/4mA	有少量腐蚀,部分位置有积盐	10/4sA	螺母出现微量腐蚀物,垫片、螺母铆钉有白色腐蚀产物	9/2mC
SPTF3	螺栓头部无明显变化	10/8mA	螺纹无明显变化	10/8mC	有大量红褐色腐蚀	2/0mC	螺栓头部无明显变化	10/4mA	光杆处有黑色产物,螺纹有浅黄色腐蚀	10/3sC	螺母有大面积轻微腐蚀	6/2sC
SPTF4	螺栓头部未出现腐蚀	10/4mA	有微量腐蚀,部分表面处理脱落	10/0mC	螺母无明显腐蚀,垫片有白色腐蚀	10/2mC	螺栓头部出现明显腐蚀	10/4mA	微量腐蚀,部分表面处理脱落,有积盐	10/0sC	螺母无明显腐蚀,垫片有白色腐蚀	10/2xC
SPTF5	螺栓头部未出现腐蚀	8/2sC	光杆与螺纹有失光磨损,有白灰色腐蚀产物	9/0mC	有轻微腐蚀产物	9/2vsC	螺栓表面发暗有光,有微量腐蚀	8/2sA	螺纹处有白色盐沉积	9/0sA	有少量锈斑锈蚀	9/5sC

表4-15 第2年暴晒后螺栓螺母选型安装试验伴腐蚀状况

试验件编号	青岛站腐蚀状况描述						万宁站腐蚀状况描述					
	螺栓头部区域	性能评级	螺纹接触区域	性能评级	螺母区域	性能评级	螺栓头部区域	性能评级	螺纹接触区域	性能评级	螺母区域	性能评级
SPTT1	无明显腐蚀	10/4vsA	螺纹表面无变化	10/2sA	垫片有白色腐蚀产物	9/2sC	螺栓头部无明显腐蚀	10/4mA	螺纹表面无变化	10/4sA	螺母有微量锈斑,垫片有大量白色腐蚀产物	9/0xCc
SPTT2	表面有轻微红褐色锈斑	9/3vsC	螺纹光杆无明显变化	10/9sA	螺母无明显变化,垫片有红褐色腐蚀产物	9/0mC	表面有轻微红褐色锈斑	9/2sC	螺纹未发生腐蚀,有少量白色盐沉积	10/3mA	螺母无明显变化,垫片有少量红褐色锈斑	9/2sC
SPTT3	无明显变化	9/2sA	有少量红褐色腐蚀产物	7/8sC	螺母、垫片均有红褐色腐蚀产物	9/2sC	螺栓头部微量锈斑	9/2sC	螺纹处有青绿色腐蚀产物	9/0mC	螺母有大量红褐色腐蚀产物,垫片也全部覆盖红褐色腐蚀产物	6/0xC

表4-16 第2年高锁螺栓螺母选型安装件腐蚀状况

试验件编号	青岛站腐蚀状况描述						万宁站腐蚀状况描述					
	螺栓头部区域	性能评级	螺纹接触区域	性能评级	螺母区域	性能评级	螺栓头部区域	性能评级	螺纹接触区域	性能评级	螺母区域	性能评级
SGSL1	无涂漆、涂漆螺栓头部均无明显变化	10/7sA	无封胶螺纹有白色盐沉积,封胶变色;封胶位置有失效	10/2sA	未封胶螺母有少量白色腐蚀产物	9/5sC	无涂漆螺栓头部无腐蚀,涂漆螺栓头部无明显变化	10/2sA	未封胶螺母和螺纹区有白色盐沉积腐蚀产物,封胶螺母无变化	9/4sC	无涂漆螺栓头部无腐蚀,涂漆螺栓头部无变化	10/2sA
SGSL2	无涂漆、涂漆螺栓头部均无明显变化	10/7sA	均无腐蚀现象	10/2sA	未封胶螺母有黄褐色腐蚀产物	6/2sC	无涂漆螺栓头部无腐蚀,涂漆螺栓头部无变化	10/2sA	未封胶螺母盐和少量红褐色腐蚀物,螺纹区颜色变暗	9/2sC	无涂漆螺栓头部无腐蚀,涂漆螺栓头部无变化,垫片有盐尘	10/2mC
SGSL3	无涂漆、涂漆螺栓头部均无明显变化	10/7sA	无封胶螺栓头部无腐蚀,涂漆螺栓头部无变化	10/2sA	未封胶螺母有锈斑区颜色变暗,封胶螺母无变化	9/4sC	无涂漆螺栓头部无腐蚀,涂漆螺栓头部无变化	10/2mA	未封胶螺母螺纹区处理层破坏,封胶螺母无变化	9/4mA	无涂漆螺栓头部有大量白色盐沉积,涂漆螺栓头部无变化	10/2sC
SGSL4	无涂漆、涂漆螺栓头部均无明显变化	10/7sA	无封胶螺栓头部无腐蚀,涂漆螺栓头部无变化	10/2sA	未封胶螺母有白色腐蚀产物,封胶螺母无变化	9/4sC	无涂漆螺栓头部无腐蚀,有积盐盐积,涂漆螺栓头部无变化	10/2sA	未封胶螺母螺纹区变暗,封胶螺母无变化	9/2sC	无涂漆螺栓头部无腐蚀,有大量积盐;涂漆螺栓头部无变化	10/2sC

续表

试验件编号	青岛站腐蚀状况描述						万宁站腐蚀状况描述					
	螺栓头部区域	性能评级	螺纹接触区域	性能评级	螺母区域	性能评级	螺栓头部区域	性能评级	螺纹接触区域	性能评级	螺母区域	性能评级
SGSL5	无涂漆、涂漆螺栓头部均无明显变化	10/7sA	无封胶螺栓头部无腐蚀，涂漆螺栓头部无变化	10/2sA	未封胶螺母有白色腐蚀产物，封胶螺母无变化	9/4sC	无涂漆螺栓头部无腐蚀，有积盐涂漆螺栓头部无变化	10/2sA	螺纹接触区有黄褐色腐蚀物，螺纹表面处理层破坏	9/2sC	未封胶螺母有少量黄褐色锈斑，封胶部位无明显变化	10/2sC
SGSF1	螺栓头部无明显腐蚀	10/2sA	无明显腐蚀现象	9/3sA	无明显腐蚀现象	10/2sA	螺栓头部无明显腐蚀	10/2mA	螺纹处有轻微腐蚀，有黄褐色锈斑	9/6sC	螺母与基材接触区有大量黄褐色腐蚀产物	8/2mC
SGSF2	螺栓头部无明显腐蚀	10/2sA	螺纹有大量白色腐蚀产物	3/2sC	无明显变化	10/2sA	螺栓头部无明显腐蚀	10/2msA	螺母与螺纹接触区有少量腐蚀产物	9/2mC	螺母表面发生轻微腐蚀	10/2sC
SGSF3	表面有微量腐蚀，有积盐	10/2sB	螺纹处有轻微腐蚀，有少量白色腐蚀产物	7/2sC	螺母未出现腐蚀	9/2sC	表面有微量腐蚀，有少量盐沉积	10/3mC	螺母与螺纹接触区有少量盐沉积，螺栓表面处理破坏	6/2sC	表面没有明显变化，有大量盐沉积	10/2xA
SGSF4	螺栓头部无明显腐蚀	10/2sA	无明显腐蚀现象	9/3sA	无明显腐蚀现象	10/2sA	螺栓头部无腐蚀	10/2sA	螺母未出现腐蚀，螺纹区有轻微腐蚀	2/2sC	螺栓头部无腐蚀，有积盐	10/2vsC

83

续表

试验件编号	青岛站腐蚀状况描述				万宁站腐蚀状况描述			
	螺栓头部区域	外观评级	螺母区域	外观评级	螺栓头部区域	外观评级	螺母区域	外观评级
SGST1	螺栓头部无腐蚀	10/2sA	无明显腐蚀	8/2sA	螺栓头部无明显变化	8/2mA	螺母有少量红褐色腐蚀	8/2sC
SGST2	螺栓头部无腐蚀	10/2sA	螺母有少量红褐色腐蚀产物	9/2sC	螺栓头部无腐蚀	10/2sA	螺母有大量红褐色腐蚀，垫片发生严重腐蚀	8/2mC
SGST3	螺栓头部无腐蚀	10/2sA	螺母有较多红褐色腐蚀产物	4/0mC	螺栓头部无腐蚀	10/2sA	螺母有较多红褐色腐蚀产物	4/2mC
SGST4	螺栓头部无腐蚀	10/2sA	螺母有微量腐蚀，螺纹有灰白色腐蚀产物	9/2sC	螺栓头部无腐蚀	10/2sA	螺母有少量白色腐蚀产物	8/2mC
SGST5	螺栓头部无腐蚀	10/2sA	螺母有少量发生腐蚀明显，垫片发生腐蚀，有白色腐蚀产物	3/1sC	螺栓头部无腐蚀	10/2sC	表面有大量腐蚀产物，有大量盐沉积	10/2xC

表4-17 第2周期口盖锁选型安装试验件腐蚀状况

试件编号	青岛站腐蚀状况描述						万宁站腐蚀状况描述					
	螺栓头部区域	外观评级	螺纹接触区域	外观评级	下锁体区域	外观评级	螺栓头部区域	外观评级	螺纹接触区域	外观评级	下锁体区域	外观评级
SKGF1YSB103-5 钛合金	螺栓头部未出现明显腐蚀	10/2sC	螺纹和光杆均出现褐色产物	8/2mC	下锁体螺母有大量锈斑，铆钉处有白色粉末	9/2xC	螺栓头部出现明显腐蚀	10/2mC	螺纹区出现大量黑褐色腐蚀产物	10/2mC	下锁体螺母发生严重腐蚀，铆钉处有大量白色腐蚀产物	2/0xC
SKGF2YSB103-5 (A286)	螺栓头部未出现明显腐蚀	10/2sC	螺纹和光杆均出现褐色产物	8/2mC	下锁体螺母有大量锈斑，铆钉处有白色粉末	9/0xC	螺栓头部未出现明显变化	10/2sA	螺纹和光杆均出现黄褐色产物	9/2mC	下锁体螺母发生严重腐蚀，铆钉处有大量白色腐蚀产物	2/0xC
SKGF3YSB103-5 合金钢	螺栓头部未出现明显腐蚀	10/2sC	螺纹和螺杆均出现微腐蚀产物	9/vsC	下锁体螺母及铆钉处均有轻微锈斑	8/2sC	螺栓头部未出现明显变化	10/2sC	螺纹和光杆出现少量盐沉积	9/2mA	下锁体螺母有少量产物，铆钉处有白色腐蚀产物	2/2mC

2. PTLS 试验件第 2 年暴露腐蚀结果分析

如图 4-4 和图 4-5 所示，PTLS1 试验件在青岛试验站和万宁试验站分别经历 2 年的海洋大气环境暴露试验后比第 1 年腐蚀更为严重。PTLS1 试验件螺纹与螺母接触区均出现少量红褐色腐蚀产物，万宁试验站的腐蚀情况明显比青岛试验站情况更为严重，螺纹与螺母均出现大量红褐色腐蚀产物。

图 4-4　PTLS1 试验件青岛暴晒 2 年后微观照片

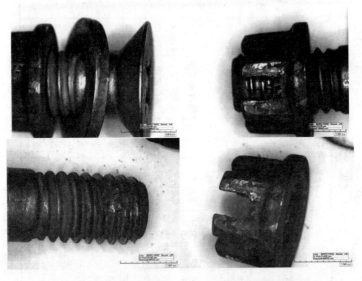

图 4-5　PTLS1 试验件万宁暴晒 2 年后微观照片

如图 4-6 和图 4-7 所示,PTLS4 试验件在经历 2 年的海洋大气环境暴晒后,腐蚀情况与第 1 年相比没有明显差异。螺栓和螺纹表面出现白色腐蚀产物增多,螺母表面也出现微量腐蚀产物。青岛与万宁试验站腐蚀情况基本一致,同样集中在螺纹处。

图 4-6　PTLS4 试验件青岛暴晒 2 年后微观照片

图 4-7　PTLS4 试验件万宁暴晒 2 年后微观照片

如图4-8和图4-9所示,PTLS5螺栓螺母未安装试验件在青岛试验站经历2年的海洋大气环境暴晒后腐蚀比第1年严重。表面在螺母区域出现明显的红褐色腐蚀产物,拆解后发现螺栓部位腐蚀产物相对较少。在万宁试验站经历2年暴晒后的试验件发生更为严重的腐蚀现象,螺母表面出现均匀的红褐色腐蚀产物,螺栓位置有明显白色腐蚀产物。

图4-8 PTLS5试验件青岛暴晒2年后微观照片

1) GSLS试验件第2年暴露腐蚀结果分析

如图4-10和图4-11所示,GSLS5高锁螺栓螺母试验件在青岛试验站经历2年的海洋大气环境暴晒后螺栓表面有微量褐色锈斑,螺纹与螺母接触区出现少量浅黄褐色腐蚀产物。在万宁试验站经历暴晒后的试验件螺母则发生了明显的腐蚀,螺母表面、螺纹与螺母接触区均出现大量黄褐色腐蚀产物,拆解后发现螺栓表面未发生明显腐蚀,但残留有腐蚀产物。

图 4-9 PTLS5 试验件万宁暴晒 2 年后微观照片

图 4-10 GSLS5 试验件青岛暴晒 2 年后微观照片

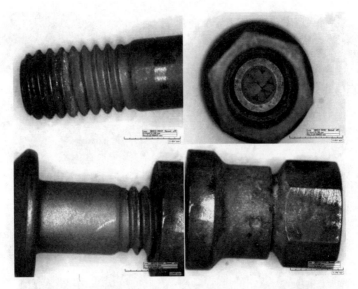

图4-11 GSLS5试验件万宁暴晒2年后微观照片

如图4-12和图4-13所示,GSLS8高锁螺栓螺母试验件在青岛试验站经历2年的海洋大气环境暴晒后腐蚀后情况比第1年较为严重。螺栓表面有锈斑,螺纹与螺母接触区可看到均匀的黄褐色锈斑。在万宁试验站经历暴晒后的试验件螺母发生了相对明显的腐蚀,螺母表面出现大量红褐色腐蚀产物堆积,拆解后发现螺纹与螺母接触区有明显黑褐色腐蚀产物。

图4-12 GSLS8试验件青岛暴晒2年后微观照片

图 4-13 GSLS8 试验件万宁暴晒 2 年后微观照片

如图 4-14 和图 4-15 所示,GSLS10 高锁螺栓螺母试验件在青岛试验站经历 2 年暴晒后的试验件表面颜色变暗,与第 1 年情况相同,均未发生明显腐蚀现象。部分螺纹位置出现浅黄色暗斑,未发现明显腐蚀现象。在万宁试验站暴晒后的试验件表面螺母区域仍然保持光泽,螺纹与螺母接触区有微量白色盐沉积。

2) KGS 试验件第 2 年暴露腐蚀结果分析

如图 4-16 和图 4-17 所示,KGS1 口盖锁试验件在青岛试验站经历 2 年的海洋大气环境暴晒后螺母表面、螺纹与螺母接触区、拆解后的螺纹中均出现大量相对疏松的红褐色腐蚀产物,与第 1 年相比腐蚀情况更为严重。在万宁试验站经历暴晒后的试验件螺母发生了较为严重的腐蚀,表面有大量红褐色腐蚀产物,局部有锈层鼓泡现象。螺栓表面状态良好,仅在螺纹与螺母接触区可看到少量褐色非附着性腐蚀产物。

图4-14 GSLS10试验件青岛暴晒2年后微观照片

图4-15 GSLS10试验件万宁暴晒2年后微观照片

图 4-16 KGS1 试验件青岛暴晒 2 年后微观照片

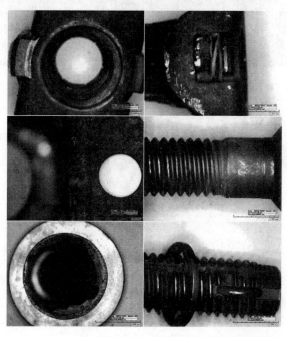

图 4-17 KGS1 试验件万宁暴晒 2 年后微观照片

如图 4-18 和图 4-19 所示，KGS2 口盖锁试验件在青岛试验站经历 2 年的海洋大气环境暴晒后螺栓表面有微量锈斑，螺母表面可看到大量红褐色腐蚀产物。在万宁试验站经历暴晒后的试验件螺母发生了较为严重的腐蚀，表面有大量红褐色腐蚀产物，局部有锈层鼓泡现象。螺栓表面状态良好，仅在螺纹与螺母接触区可看到少量褐色非附着性腐蚀产物。

图 4-18　KGS2 试验件青岛暴晒 2 年后微观照片

如图 4-20 和图 4-21 所示，KGS3 口盖锁试验件在青岛试验站经历 2 年的海洋大气环境暴晒后比第 1 年腐蚀情况更为严重。螺栓表面处理层完好，螺纹与螺母接触区有少量白色盐沉积。在万宁试验站经历暴晒后的试验件表面有大量白色盐沉积，垫片处有少量红褐色腐蚀产物。

图 4-19　KGS2 试验件万宁暴晒 2 年后微观照片

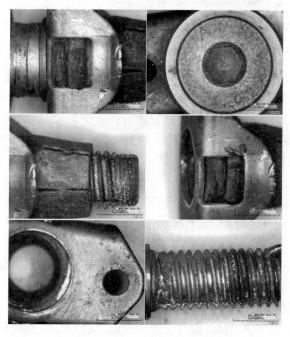

图 4-20　KGS3 试验件青岛暴晒 2 年后微观照片

图 4-21　KGS3 试验件万宁暴晒 2 年后微观照片

3) SPTF 试验件第 2 年暴露腐蚀结果分析

如图 4-22 和图 4-23 所示，SPTF1 螺栓螺母选型安装试验件在青岛试验站经历 2 年的海洋大气环境暴晒后开口销腐蚀严重，螺栓、螺母在下端可看到大量红褐色腐蚀产物，上端则腐蚀产物较少。在万宁试验站经历暴晒后的试验件开口销已完全锈蚀，螺母发生了较为严重的腐蚀，表面有大量疏松的红褐色腐蚀产物，螺栓表面仍状态良好，仅在螺纹与螺母接触区可看到少量褐色非附着性腐蚀产物。

如图 4-24 和图 4-25 所示，SPTF2 螺栓螺母选型安装试验件在青岛试验站、万宁试验站经历 2 年暴晒后，螺栓螺母表面状态良好，铆钉表面有白色腐蚀产物。

如图 4-26 和图 4-27 所示，SPTF3 螺栓螺母选型安装试验件在青岛试验站经历 2 年的海洋大气环境暴晒后比第 1 年腐蚀情况严重。螺母与垫片接触部位有红褐色腐蚀产物，并向对侧呈扩散状分布。在万宁试验站经历暴晒后螺母发生了相同规律的腐蚀情况，螺母与垫片接触部位有红褐色腐蚀产物，并向对侧呈扩散状分布，总体腐蚀情况比青岛试验站情况轻微。

图 4-22　SPTF1 试验件青岛暴晒 2 年后微观照片

图 4-23　SPTF1 试验件万宁暴晒 2 年后微观照片

图4-24 SPTF2试验件青岛暴晒2年后微观照片

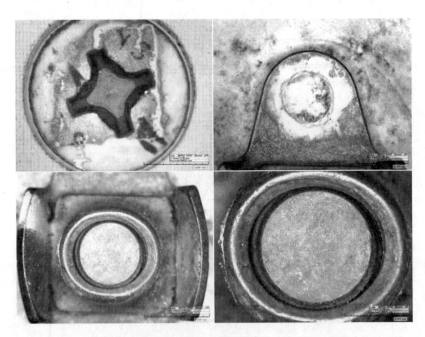

图4-25 SPTF2试验件万宁暴晒2年后微观照片

图4-26 SPTF3试验件青岛暴晒2年后微观照片

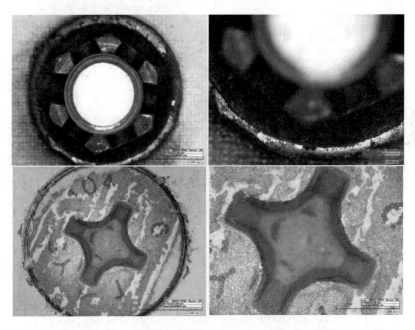

图4-27 SPTF3试验件万宁暴晒2年后微观照片

如图4-28和图4-29所示，SPTF5螺栓螺母选型安装试验件在青岛试验站经历2年的海洋大气环境暴晒后螺母与垫片接触部位少量白色腐蚀产物。在万宁试验站经历暴晒后螺母发生了相同规律的腐蚀情况，螺母与垫片接触部位有红褐色腐蚀产物，并向对侧呈扩散状分布，总体腐蚀情况比青岛试验站情况轻微。

图4-28　SPTF5试验件青岛暴晒2年后微观照片

图4-29　SPTF5试验件万宁暴晒2年后微观照片

4) SPTT 试验件第 2 年暴露腐蚀结果分析

如图 4-30 和图 4-31 所示,SPTT1 螺栓螺母选型安装试验件在青岛、万宁试验站经历 2 年暴晒后,螺母、螺纹表面均未发生明显变化,垫片均发生了腐蚀现象,有白色腐蚀产物。万宁试验站腐蚀程度比青岛站严重。

图 4-30 SPTT1 试验件青岛暴晒 2 年后微观照片

如图 4-32 和图 4-33 所示,SPTT2 螺栓螺母选型安装试验件在青岛、万宁试验站经历 2 年暴晒后比第 1 年发生更为严重的腐蚀,螺母、螺纹表面均未发生明显变化,垫片均发生轻微腐蚀现象,有红褐色腐蚀产物。青岛地区比万宁地区腐蚀严重。

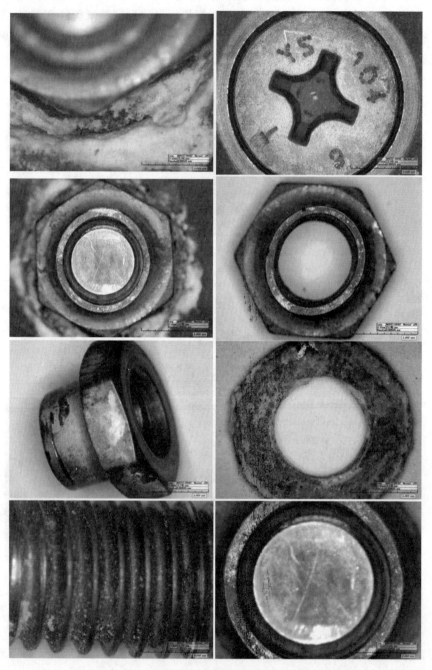

图4-31 SPTT1试验件万宁暴晒2年后微观照片

图 4-32　SPTT2 试验件青岛暴晒 2 年后微观照片

图 4-33　SPTT2 试验件万宁暴晒 2 年后微观照片

如图4-34和图4-35所示,SPTT3螺栓螺母选型安装试验件在青岛试验站经历2年的海洋大气环境暴晒后比第1年发生更为严重的腐蚀。螺母可观察到少量红褐色腐蚀产物;螺栓、螺纹处则未发生明显腐蚀。在万宁试验站经历暴晒后的试验件螺母、垫片均发生了较为严重的腐蚀,表面有大量红褐色腐蚀产物,螺栓表面仍状态良好。

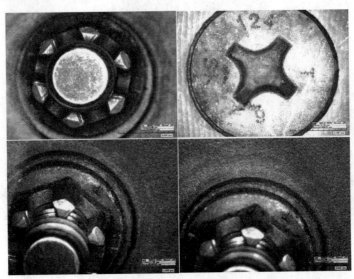

图4-34 SPTT3试验件青岛暴晒2年后微观照片

图4-35 SPTT3试验件万宁暴晒2年后微观照片

5) SGSF 试验件第 2 年暴露腐蚀结果分析

SGSF2 高锁螺栓螺母选型安装试验件在经历 2 年加速试验后,SGSF2 试验件在宏观检测中试验件螺母和铆钉头部有微量腐蚀,在微观检测中螺栓头部、螺母与螺栓接触处有轻微锈蚀。

如图 4-36 和图 4-37 所示,SGSF2 高锁螺栓螺母选型安装试验件在青岛试验站经历 2 年的海洋大气环境暴晒后螺母、螺栓、螺纹均未发生明显腐蚀,在螺纹处有少量白色盐沉积。在万宁试验站经历暴晒后的试验件螺母与螺纹接触区出现了少量均匀的红褐色腐蚀产物。

图 4-36　SGSF2 试验件青岛暴晒 2 年后微观照片

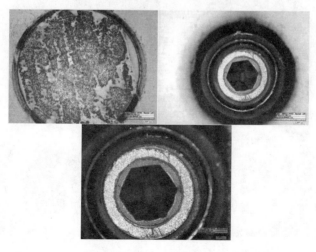

图 4-37　SGSF2 试验件万宁暴晒 2 年后微观照片

如图4-38和图4-39所示，SGSF3高锁螺栓螺母选型安装试验件在经历2年加速试验后与第1年情况相同，均未发生明显腐蚀。SGSF3试验件在宏观检测中试验件螺母与螺栓接触处有微量腐蚀，在微观检测中螺栓头部、螺母与螺栓接触处有轻微锈蚀。

图4-38　SGSF3试验件青岛暴晒2年后微观照片

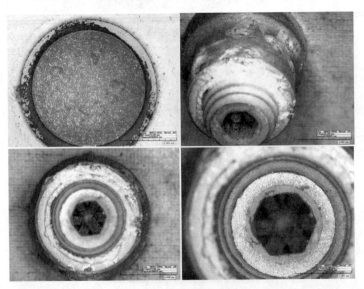

图4-39　SGSF3试验件万宁暴晒2年后微观照片

如图4-40和图4-41所示,SGSF4高锁螺栓螺母选型安装试验件在经历2年加速试验后,SGSF4试验件在宏观检测中试验件螺母与螺栓接触处有微量腐蚀,在微观检测中螺母与螺栓接触处有轻微锈蚀。

图4-40　SGSF4试验件青岛暴晒2年后微观照片

图4-41　SGSF4试验件万宁暴晒2年后微观照片

6) SGST 试验件第 2 年暴露腐蚀结果分析

如图 4-42 和图 4-43 所示,SGST4 高锁螺栓螺母选型安装试验件在青岛经历 2 年的海洋大气环境暴晒后比第 1 年更为严重。表面蓝色氧化膜均不完整,螺栓和螺纹表面均有白色盐沉积,螺母表面除有少量白色盐沉积外,未有明显腐蚀变化。青岛与万宁试验站腐蚀情况基本一致。

图 4-42 SGST4 试验件青岛暴晒 2 年后微观照片

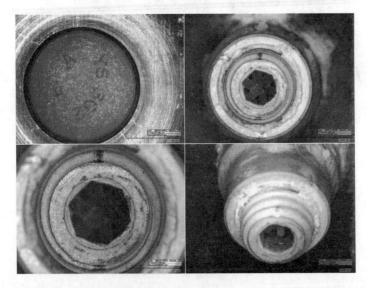

图 4-43 SGST4 试验件万宁暴晒 2 年后微观照片

7) SKGF 试验件第 2 年暴露腐蚀结果分析

如图 4-44 和图 4-45 所示，SKGF1 口盖锁选型安装试验件在青岛试验站经历 2 年的海洋大气环境暴晒后比第 1 年腐蚀更为严重。螺母与螺纹接触部位有红褐色腐蚀产物，并向对侧呈扩散状分布。在万宁试验站经历暴晒后螺母发生了相同规律的腐蚀情况，螺母与螺纹接触部位有黑褐色腐蚀产物，总体腐蚀情况比青岛试验站情况严重。

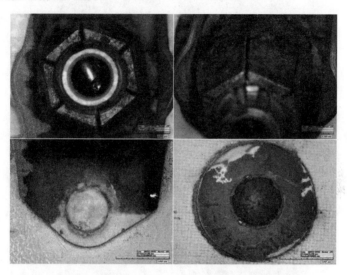

图 4-44　SKGF1 试验件青岛暴晒 2 年后微观照片

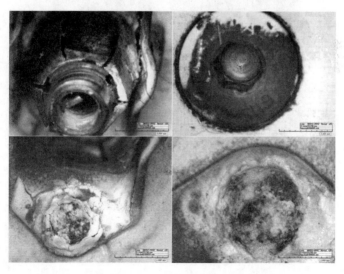

图 4-45　SKGF1 试验件万宁暴晒 2 年后微观照片

如图4-46和图4-47所示,SKGF2口盖锁选型安装试验件在青岛试验站经历2年的海洋大气环境暴晒后螺母部位有红褐色腐蚀产物,并向四周呈扩散状分布。在万宁试验站经历暴晒后螺母发生了相同规律的腐蚀情况,螺母与螺纹接触部位有黑褐色腐蚀产物,总体腐蚀情况比青岛试验站情况严重,螺栓、螺纹均未发生明显变化。

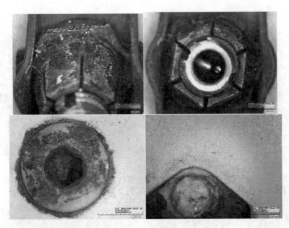

图4-46　SKGF2试验件青岛暴晒2年后微观照片

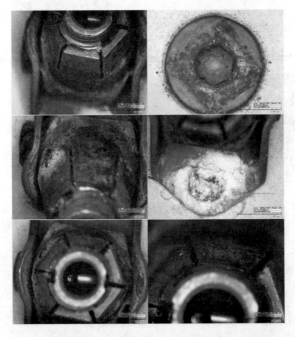

图4-47　SKGF2试验件万宁暴晒2年后微观照片

如图 4-48 和图 4-49 所示,SKGF3 口盖锁选型安装试验件在青岛试验站经历 2 年的海洋大气环境暴晒后螺母螺纹均未发生明显腐蚀,铆钉处也未发生明显变化。在万宁试验站经历暴晒后螺母、螺母与螺纹接触部位有微量红褐色腐蚀产物,铆钉处出现了少量白色腐蚀产物。

图 4-48　SKGF3 试验件青岛暴晒 2 年后微观照片

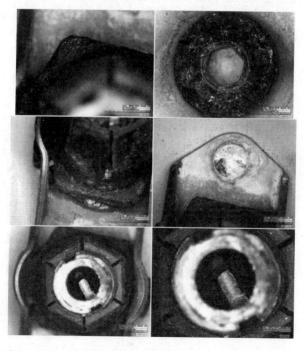

图 4-49　SKGF3 试验件青岛暴晒 2 年后微观照片

3. 力矩测试结果

按照试验大纲和相关任务书要求,在每年暴晒试验结束后对试验件进行拧紧力矩和松脱力矩测试,最后采用求均值的方式来表征每个试验件的松脱力矩值,如表4-18所列。

表4-18 安装试验件力矩测试

序号	试验件编号	(青岛)第2年暴晒后/(N·m)		(万宁)第2年暴晒后/(N·m)	
		拧紧力矩	松脱力矩	拧紧力矩	松脱力矩
1	PTLS1	2.50	0.80	0.95	2.30
2	PTLS2	1.20	2.55	2.60	1.85
3	PTLS3	2.05	1.65	1.05	1.65
4	PTLS4	1.05	2.90	1.80	2.00
5	PTLS5	1.55	1.10	1.25	2.50
6	PTLS6	0.75	1.60	1.30	1.70
7	PTLS7	0.75	0.95	0.60	1.00
8	PTLS8	2.50	1.00	0.80	1.75
9	KGS1	2.50	3.85	2.20	5.60
10	KGS2	2.35	4.60	2.15	5.40
11	KGS3	3.35	5.20	2.65	5.25

青岛万宁试验站的试验结果对比分析,如图4-50所示。

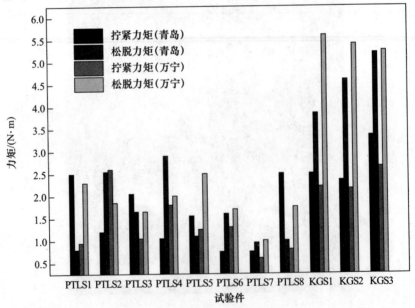

图4-50 未安装试验件力矩对比

从图 4-50 中可以看出,在经历 2 年的暴晒试验后未安装试验件松脱力矩普遍大于初始拧紧力矩,这主要是由于螺纹与螺母之间发生腐蚀现象,增大了螺纹与螺母之间的摩擦力,从而导致松脱力矩大于拧紧力矩。同时在万宁经历 1 年的暴晒后松脱力矩与初始拧紧力矩差值大于青岛试验站试验件暴晒力矩差值。这主要是由于万宁试验站气候环境更加恶劣,存在长年高温、高湿、高盐雾的环境因素,试验件螺纹与螺母接触区相对青岛发生腐蚀的程度更大,生成腐蚀产物的量增大也会增加螺母与螺纹之间的摩擦力。表 4-19 所示为安装选型试验件力矩测试。

表 4-19　安装选型试验件力矩测试

序号	试验件编号	第 1 年暴晒后		
		拧紧力矩	松脱力矩(青岛)	松脱力矩(万宁)
1	SPTF1	5.80	4.86	4.74
2	SPTF2	5.80	5.425	6.24
3	SPTF3	5.80	5.12	5.62
4	SPTF4	5.80	6.26	8.34
5	SPTF5	5.80	5.86	5.74
6	SPTT1	5.80	6.62	5.64
7	SPTT2	5.80	5.52	6.52
8	SPTT3	5.80	5.40	5.58
9	SKGF1	5.80	5.36	5.42
10	SKGF2	5.80	5.38	5.84
11	SKGF3	5.80	7.84	10.00

对于 PTLS 未安装试验件,在青岛试验站进行试验后的试验件仅有 PTLS4、PTLS5、PTLS6 松脱力矩大于拧紧力矩,表明这三类试验件在螺纹与螺母之间发生了腐蚀,而其他 PTLS 试验件松脱力矩小于或近似等于拧紧力矩,表明螺纹与螺母之间没有发生腐蚀或发生腐蚀的程度较小。这也与宏微观腐蚀形貌观察结果一致。对于 PTLS 试验件在万宁试验站的松脱力矩均大于拧紧力矩,表明万宁试验站高温、高湿、高盐雾的大气环境更容易引发标准件的腐蚀。

如图 4-51 所示,对于安装试验件除 SPTT3 外,所有试验件均呈现出万宁试验站的松脱力矩大于青岛试验站试验件的松脱力矩的规律,这与上述未安装试验件中松脱力矩与拧紧试验件万宁试验站大于青岛试验站原因相同。此外,分析发现 SPTF1、SPTF2、SPTF3、SPTT2、SPTT3 试验件的松脱力矩均小于初始拧紧力矩,可能原因是垫片、螺母相互偶合形成电偶腐蚀,垫片为钢质材料自腐蚀电位相对钛和复合材料而言,自腐蚀电位较低,作为阳极容易发生腐蚀,雨水冲刷作用导致腐蚀外表面腐蚀产物从垫片上脱落,从而导致松脱力减小。

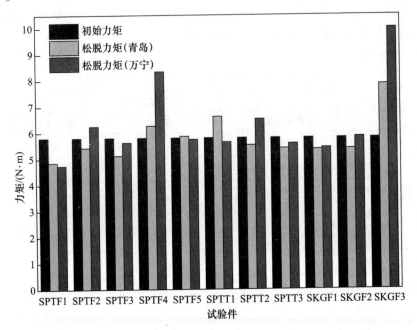

图 4-51 安装试验件力矩对比

4.2.4 结论

截至 2018 年 1 月 16 日"典型标准件海洋大气暴露试验"第二年暴晒试验分别在青岛试验站和万宁试验站已全部完成。各周期试验件力矩和重量测量结果见附录 A。其中包括试验前对典型标准件及其安装件共计 196 件/套进行了初始形貌记录、松脱力矩测试和初始重量测量记录,暴晒试验第二年结束后对取回的试验件进行了形貌、重量和部分力矩的测试,以及未取回试验件部分的松脱力矩测试和拧紧。

经历 2 年的自然暴露试验,大部分安装试验件和未安装试验件均发生不同程度的腐蚀现象。与第 1 年腐蚀结果对比发现,大部分标准件腐蚀情况更为严重。合金钢的标准件通常随着暴晒时间的延长,腐蚀发生程度更大;钛制的标准件并未随暴晒时间的延长发生明显变化,但会随着盐沉积量、缝隙、表面处理等发生不同程度的阳极氧化膜破损和盐沉积。

从总体腐蚀情况、细节分析和力矩测试结果,表明万宁试验站的总体腐蚀情况要比青岛试验站腐蚀情况更为严重,这与万宁地区相对青岛长年高温、高湿的气候条件有关。选型安装试验件的腐蚀主要集中于螺栓与基材、螺纹与螺母、螺母与垫片区,而未安装试验件的腐蚀主要集中在螺母表面。

第5章 机械加工工序间腐蚀防控

5.1 工序间防锈

5.1.1 一般要求

零件或部件在加工工序间以及在运输、装卸和储存过程中,应采用必要的防锈和防护措施:

(1) 采用对金属和镀层无腐蚀的加工介质。
(2) 选用质量好的防锈材料和辅助材料。
(3) 采用有效的清洗和临时性防锈措施。
(4) 经过吹砂又不能进行防锈处理的零件,搬运时应戴干净手套避免手接触引起腐蚀,并马上送交表面处理,否则应做临时油封处理。
(5) 有机加精密表面的零件或组合件工序间应做临时油封处理。
(6) 产品加工工艺规程或专用说明书中应纳入下列内容:

① 防锈工序中应明确清洗方法、清洗递质、干燥方法、防锈措施,防锈有效期。
② 产品在工序间接触介质的技术要求及控制方法,如切削液、防锈油。
③ 特殊产品的防锈规定和技术要求。

5.1.2 详细要求

1. 通用要求

(1) 机械加工零件所选用的切削液在使用前应作腐蚀试验,切削润滑冷却液对金属应无腐蚀性,并尽量选择对金属有防锈性的。
(2) 选用加工介质时要考虑其腐蚀性,对易腐蚀的金属零件尤其慎重。要注意使用酸、碱、盐类介质或其他腐蚀性介质加工的工序间防锈,产品在这些过程中应及时清洗干净,除净加工介质,然后进行防锈处理。
(3) 在机加过程中,要防止低熔点合金及异类金属黏附零件(如钛合金)与高温合金黏附,以防镉脆;防止与镀镉的夹具、工具互相接触;钛应避免与镉、银接触,以防变脆。

（4）不同金属加工的零件及不同表面处理的零件不得相互接触存放,以防止产生接触腐蚀。

（5）标记金属零件所选用的铅笔不应含有石墨,对金属应无不良影响。

（6）吹干零件选用的压缩空气必须通过油水分离器和过滤器处理,防止零件上积油和水。

（7）干燥空气的要求:用于干燥零件的压缩空气必须通过油水分离器和过滤器予以净化;过滤器中的干燥剂(如活性炭、焦炭)要每个月干燥一次,有油污的干燥剂随时更换。每季度清理空气过滤器内多余物一次。

（8）金属材料最好在退火状态下进行表面加工、弯曲、冲压成型,以使加工制件的残余应力较小。

（9）采用消除应力热处理、喷丸以减小机加残余拉应力。

（10）凡是有最终加工表面的零件、易锈零/组件、热加工后需防锈处理的零件、组装件,均应及时作防锈处理。

（11）为防污染零件,半成品或成品应经清洗、干燥、防锈处理后置于无腐蚀性环境中。

（12）不得赤手接触零件的最终加工表面。

（13）易锈零组件在工序间应及时清洗并进行防锈处理。

（14）下列情况允许不进行工序间防锈处理:

① 高温合金零件。

② 钛合金零件。

③ 含 Cr≥18% 的不锈钢零件,但此类零件的毛坯面应注意防锈。

④ 对于后续加工余量大于1mm 的粗加工半成品零件短期(30天)内,仅要求防碰撞保护。

⑤ 有相关文件规定不需要进行防锈处理的零件。

（15）车间半成品仓库应保持清洁、干燥,预防雨水及腐蚀性介质侵入,不得存放对金属有害的化学药品和其他物质。在半成品仓库存放的零件应注明封存日期,并定期检查存放质量。

2. 钢制零件

（1）钢铁机加件经加工后,只要有一个面达到了图纸规定尺寸的零件和组零件,在加工组合后或送交下道工序前应做临时油封处理(不锈钢件可不油封)。

（2）镀锌、镀镉、发蓝、磷化、局部电镀的零件除要涂漆以外,应做临时油封处理,镀锌、镀镉层应防止酸、碱性油的腐蚀,尤其应注意轴承油膏的污染。

（3）机加过程中应控制进刀量、转速、磨削温度、最大去除量等。高强度钢机加工后应(按图纸工程要求)进行磨蚀烧伤检查(酸蚀检查)。

3. 铝、铜和钛(合金)零件

(1) 铝、铜及其合金(青铜除外)、钛及钛合金(紧固件除外)在加工后应将冷却液及污物擦净,工序间停放一个月可不油封,否则应做油封处理。

(2) 铝合金薄板在冲压等机加过程中应用贴纸或用聚乙烯膜或临时保护涂料保护以防划伤。包铝板划伤穿透处应作化学点滴试验,检查腐蚀状况。铝合金吹砂不得用铁砂。

(3) 钛制滚轧产品应100%机加并化学清洗,酸洗以除去高温下所形成的污染层。

(4) 钛合金在机加过程中,严禁与下列物质接触:盐酸、三氯乙烯/三氯乙烷、四氯化碳、所有氯化物、含氯化物的切削液、卤化氢、甲醇等。

(5) 钛合金机加过程中产生的钛合金碎片易着火,甚至引发火灾。扑灭钛合金碎片着火可采用绝对干的滑石粉、碳酸钙、砂或石墨。严禁用水、二氧化碳、四氯化碳或普通的干型化学灭火剂。

5.1.3 工序间产生锈蚀的原因及预防方法

工序间产生锈蚀的主要原因及预防方法,简要地列于表5-1中。

表5-1 序间产生锈蚀的主要原因及简要预防方法

主要原因	预防方法
加工方法或加工介质选择不当	改善加工方法,使用适应性加工介质
结构设计或选材不合理	改进结构设计,选用耐蚀材料或涂敷层
零件表面残留腐蚀介质	采用中和、清洗方法
赤手拿取零件	不得赤手拿取,否则需清洗
零件未经防锈处理存放	必须采取防锈措施存放
蒸汽、灰尘或腐蚀性气体的作用	降低湿度,改善存放环境,采取防锈措施
管理不善	均衡生产,科学管理

5.1.4 工序间临时防护方法

根据零件的材质、工序间存放时间以及环境不同,可选择置换性防锈油油封;用脱水防锈油油封;气相防锈纸封包;干燥空气封存(适应性用于忌油产品零件);临时性保护涂料等。

5.1.5 工序间的交接

工序间的交接要求如下。

（1）上道工序交到下道工序的零件应做临时防锈处理，尤其是加工到最后尺寸面的零件、有精加工面的零件。

（2）交接时应作外观锈蚀检查，有锈蚀的应立即处理。

（3）交接过程中的搬运应戴干净的手套，不得赤手接触零件，以防止手汗腐蚀。

（4）抽检下道工序或下一加工车间在接收上道工序或上一加工车间送来的零件时，检验人员应随机抽取零件总数的3%~5%进行检查，确认无腐蚀和其他缺陷后，方可办理移交或入库手续。未按规定进行防锈处理或已发生锈蚀的零件必须予以拒收，已被列入本产品的关键件和重要件目录之中的零件应100%加以检查。

（5）周转转入热加工车间的零件应在48h内进行验收，完工后尽快转出。经电镀及化学热处理的零件应尽可能避免在车间存放过夜。带有深盲孔的零件在电镀后的4h内，应对深盲孔进行防锈处理，然后再转出电镀车间。

（6）产品在运输和储存过程中，应采取适当的防护措施，确保产品不发生腐蚀及机械损伤以免降低防护性能，影响产品质量。

5.1.6 工序间临时存放要求

1. 入库前的防锈

（1）入库零件应进行清洗、防锈、包装处理。

（2）根据不同材料，选择相适应的防锈方法，并对每种零件规定防锈期；

（3）仓库零件的防锈原则：

① 需要进行防锈处理的零件：结构钢、铬含量小于18%的钢制件，及其表面经过电镀处理的零件，铝合金及其氧化处理的零件，铜合金及其氧化处理的零件，镁合金及其氧化处理的零件。

② 不需要进行防锈处理的零件（此类零件应保持清洁、干燥）：铬含量大于18%的钢制件、高温合金零件、钛合金零件和表面有非金属涂层的零件。

③ 包装方法：可选用石蜡纸、塑料袋或抽真空包装。

2. 零件/材料存放要求

（1）库房环境因素的控制应符合对温度（包含昼夜温差）、湿度、粉尘度、有害气氛、通风等要求。库房应无腐蚀性化学药品等物质。

（2）零件/材料应油封和包装；离地存放，不得堆叠；零件间应加隔框、软件或衬纸，异类金属零件/材料严禁相互接触。

（3）入库前应检查，封存件入库后需定期检查封存情况。

5.1.7 工序间周转、运输过程要求

工序间周转、运输过程要求如下。

(1) 零件必须带仓装周转运输,搬运车应有充分的固定和防护措施,运输工位器具应洁净。

(2) 零件工序转移、周转中,零件间应加衬保护,要确保无包装的半成品转移、周转中不产生变形、损坏。

(3) 主要工序防锈技术要求。

表 5-2 给出了主要工序的防锈技术要求。

表 5-2 主要工序的防锈技术要求

工序名称	防锈技术要求
机械加工工序	选用对金属无腐蚀的切削润滑冷却液; 当用含有硫(硫化油)或氯(氯化钠)的切削润滑冷却液加工零件时,应使用防锈添加剂以防止加工过程中产生腐蚀; 硫化油不适用于非铁金属的切削加工,特别是铜合金色,因加工时容易生成硫化铜黑色膜层; 当用含硫或氯切削油时,在零件加工后必须清洗干净并进行防锈处理; 当采用无腐蚀性切削润滑冷却液时,零件加工后,可直接进行防锈处理; 切削润滑冷却液使用前应做腐蚀试验; 当镗磨外表面有锌、镉层的内孔时,锌、镉层应涂清漆,以防切削液腐蚀锌、镉镀层
热处理工序	零件热处理之后,应严格采用中和处理,清除热处理的残盐,尤其是有缝隙的产品(如焊接件),立即进行表面处理的黑色金属零件应进行防锈处理; 可用 0.5% 的二苯胺硫酸溶液或 0.6% 的石钱子碱浓硫酸溶液检验硝盐是否清洗干净
焊接工序	钎焊后应认真进行中和处理以清洗焊药,防止焊药对锡件、镀锡层和镀银层的腐蚀; 铝合金零件在气焊后应认真进行中和与清洗,以消除氯化物的腐蚀,可用 2% 的硝酸银水溶液检查氯化物是否洗净; 中和与清洗时,零件应与槽体绝缘,以免产生电偶腐蚀
表面处理工序	表面处理后应将零件上残留的酸或碱彻底洗净,尤其是焊接件与盲孔,洗后进行干燥; 中和与清洗时,零件应与槽体绝缘,以免产生电偶腐蚀
装配工序	凡使用燃油、液压油和润滑油工作的产品,在装配过程中可在油路冲洗和润滑用的油料中添加少量的缓蚀剂,不用油料作介质的装配工序,应有相应的防锈措施,如装配前用含有置换型防锈油的汽油清洗零件、戴手套或液体手套操作等;经用腐蚀性介质组装后的零组件,应及时清洗净残留介质;带有不耐油的非金属组合件,如天然橡胶件不应用汽油清洗; 装配工序中所用的压缩空气必须是经过油水分离器干燥和清洁的

5.1.8 工序间腐蚀防护处理

1. 外观检查

通常用目视法(包括借助放大镜等)检查零件表面。零件表面应无锈蚀,否则应视情除锈。

2. 清理和清洗

按零件材质和表面残留的加工介质,选用合适的清洗方法和干燥方法进行清洗和干燥。

3. 防锈包装

工序间的零件或产品防锈处理后,如有必要,可根据不同的材质和封存保管期选择简单适用的方法进行防锈封存/包装。

常用的封存方法有油封、干燥空气封存、气相缓剂(气相纸)封存、临时保护涂料等。推荐工序间用防锈材料列于表5-3中。

表5-3 工序间防锈材料

材料名称	牌号(或标准)	用途
置换性防锈油	F-35	油封
防锈剂	DPM670	油封
防锈油	F-3	油封
硅胶	GB 780—81	干燥剂干燥空气封存用
指示剂	GB 7822—87	温度指示,干燥空气封存用
聚乙烯袋	GB 4456—2008	包装袋
临时保护涂料	DPM×××	临时防护用以防划伤、腐蚀

4. 零件标印

零件标印应满足如下要求:

(1)在金属零件上做标记所使用的标记笔不应含有石墨(碳)等对金属有不良影响的成分。

(2)作为标记用的墨水不应对零件有任何腐蚀作用。

(3)重要结构件和结构重要部位上不应打钢印。

5.2 工序间除油

凡是要进行表面处理的金属(包括热处理)或非金属的零件、组件、部件,都必须进行除油。

常用的除油方法、特点及应用范围如表5-4所示。

经过除油的金属件表面,必须获得水膜连续表面。

经过除油的非金属件表面或各类涂层表面,当用洁净的白色抹布或过滤纸擦拭后,抹布或过滤纸上不应有任何污物痕迹。

表5-4 常用的除油方法、特点及应用范围

方法	特点	应用范围
有机溶剂除油	对两类油脂均能溶解,速度快,一般不腐蚀零件,必要时需要用化学或电化学方法补充除油。多数溶剂易燃,有毒或有刺激性,成本较高	油污严重的零件或者容易被碱液腐蚀的金属零件的初步除油,非金属材料或非金属涂层的除油
化学除油	设备简单,操作简易,成本低,但除油的时间较长	应用很普遍,各类材料、各类零件的除油
电化学除油	除油快,且彻底,并能去除零件表面的浮灰、浸蚀残渣、机械杂质等。需直流电源,阴极除油易渗氢,复杂零件深孔内的油污去除较慢	黑色金属电镀前的最终除油,一般零件的除油或去除零件表面的残渣
擦拭除油	设备简单,操作简便,工效低,劳动强度大,除油不易彻底	大型零件或其他方法不易处理的零件或局部除油
滚桶除油	操作简便,工效较高,效果较好	精度不高的小零件,标准件除油

5.3 工序间清洗和干燥

5.3.1 清洗方法

清洗的目的是去除金属零件表面的汗迹、油污、酸、碱、盐或其他污迹。

常用的清洗方法和工艺要点列于表5-5,可根据需要选用其中一种或几种方法。

表5-5 清洗方法和工艺要点

方法	工艺要点
清洗汗迹	根据要求将零件置于3%置换型防锈油的石油溶剂和温的甲醇、乙醇中清洗
碱性清洗	将零件置于碱性溶液中浸洗或压力清洗,然后在温水中漂洗
电解清洗	将零件置于电解清洗液槽中作为电极以清洗金属表面,再用冷水漂洗
乳化液清洗	将零件置于浮化液中浸洗或在压力下喷洗,然后在80℃以上的热水中漂洗

续表

方法	工艺要点
蒸汽清洗	将零件置于水蒸气或加有清洗剂的水蒸气中或有机溶剂蒸汽中清洗
水基清洗剂清洗	将零件置于清洗剂溶液中加温或在室温下清洗,也可在压力下喷洗,根据要求再用冷水漂洗
超声波清洗	将零件置于盛有合适的溶液或溶剂的超声波装置中进行清洗
磨料喷射	将零件置于含有颗粒尺寸合适的磨料或同时加有缓蚀剂的雾化水高速流中进行清洗

有关清洗的一般要求如表5-6所示。

表5-6 有关清洗的一般要求

清洗对象	一般要求
污物	不同的污物应选择不同的清洗剂和清洗方法
适应性	清洗剂在规定的清洗条件下,对被清洗件的金属材料应无腐蚀性、非金属材料应无溶胀
精密部件	对结构复杂的部件,必要时应拆卸后清洗,并应估计有残留的可能性。有内腔的产品,应尽量除去残留清洗剂
磨削件	若带有磁性,应退磁后清洗,以彻底除去金属屑末
忌油产品	冷气、氧气或真空系统的内部零件清洗后,不应有清洗剂残留,不能用含有煤油基溶液处理,也不能用煤油清洗液压系统
浸油件、石墨件等	浸有润滑油的零件(如粉末冶金件、浸油密封非金属件等)只允许用布擦净表面
简单结构件	可以采用压力清洗、超声清洗等方法,但应注意方向性,并考虑受损的可能性

推荐用于不同污垢的清洗材料与方法如表5-7所示。

表5-7 不同污垢的清洗材料与方法

污垢名称	推荐的清洗材料和方法
酸、碱、盐痕迹	用合适的水溶液加温法浸洗、电解清洗、超声波清洗
汗迹	用合适的水溶液、甲醇、95%乙醇、置换型(手汗)防锈油等浸洗
金属残屑、灰尘、研磨物	用石油溶剂、有机溶剂刷洗、超声清洗; 用水基清洗剂加压冲洗、刷洗; 用合适的水溶液电解清洗、超声清洗
动植物油污	用合适的碱性水溶液加温浸洗、电解清洗; 用合适的有机溶剂浸洗、蒸汽清洗
石油型油污	用石油溶剂浸洗、刷洗; 用合适的有机溶剂浸洗、蒸汽清洗; 用水基清洗剂刷洗、压力冲洗,厚油污可用加温(90~100℃)的水溶液或加温100~110℃的轻质矿物油先热浸,去除大部分油污后再精洗

续表

污垢名称	推荐的清洗材料和方法
热处理残盐	用合适的水溶液煮洗去除； （水溶液可添加螯合剂、渗透剂等）
积炭	用合适的混合有机溶剂浸洗、刷洗； 用渗透性强的水基清洗剂加温浸洗、刷洗
残余漆层	用合适的有机溶剂浸洗、刷洗； 用磨料喷射去除； 用喷射的高温火焰去除
水垢	用添加缓蚀剂的无机酸（如盐酸）和有机酸（如氨基磺酸）清洗； 用磨料喷射去除

5.3.2 干燥方法

零件清洗后，特别是由清水漂洗后必须及时干燥，否则会产生锈蚀。

可根据前道工序不同的清洗方法和零件要求选择合适的干燥方法。干燥方法和工艺要点列于表5-8中。

表5-8 干燥方法和工艺要点

方法	工艺要点
吹干	使用洁净的压缩空气吹干，可采用热风或冷风
烘干	将零件置于带鼓风的干燥箱中，加热烘干
擦干	用干净、不起毛、无腐蚀的布或特制的纸擦拭零件表面
红外线干燥	将零件置于红外线装置下直接进行干燥
沥干或晾干	经有机溶剂或添加置换型防锈油的溶剂清洗的零件，在干燥通风的环境中沥干或自然晾干

零件特别是组合件干燥时应注意：

（1）热风吹干、烘干或红外线干燥时不能损伤对高温敏感的零部件和非金属材料件。

（2）压缩空气必须通过油水分离器和过滤器处理，以免有脏物污染零件。

（3）及时更换擦干所用的布或纸。

第6章 装配过程中腐蚀防护控制

6.1 一般要求

装配过程中腐蚀防护的一般要求如下。

(1) 重要结构装配时应使用限力扳手,防止强迫装配,采用工艺垫片等将有害装配应力减至最小。

(2) 镀锌、镀镉零件装配后,车间停放超过三个月时应用防锈油进行防锈保护。

(3) 安装静配合过盈螺栓时,不应硬用锤敲击,特别是对于应力集中敏感的高强度材料制造的螺栓更应注意。

(4) 不可拆卸安装(定期检查和使用过程通常不拆卸)的紧固件,应采用湿装配。

(5) 结构件装配一般不应锉修,以免破坏零件表面防护层;否则应在锉修部位补涂底漆或润滑脂后装配。

(6) 内部紧固件可用油漆保护,但外部紧固件必须用密封剂保护。

(7) 互相不能接触的材料不要装配在一起,如镀镉零件不能与钛合金件接触,镀镉或铝合金紧固件不能与碳纤维复合材料接触等。

6.2 装配过程垫片控制

结构装配中的垫片设计随着各种产品和设施性能的提高、重量的转化、结构的复杂化,不可避免地会出现设计空隙和工艺空隙。这些空隙在装配过程中绝不能强制密合,否则会引发强装应力;同时,在生产过程中,锻造、热处理、焊接等工艺过程中所产生的残余应力若不加以消除或消除不好,再加上装配应力形成残余应力的叠成,构成总残余表面拉应力,在周围环境和工作环境的共同作用下,将会诱发应力腐蚀和腐蚀疲劳。所以,应当提倡在装配过程中要充分地、恰当地使用垫片,进行合理的加垫装配。

6.2.1 垫片的控制准则

金属材料在一定腐蚀环境中,表面拉应力达到一定数值时才会产生应力腐蚀开裂,这一应力称为应力腐蚀门槛应力,也称临界应力。通常将常用的材料各向的临界应力与屈服应力的比值列出,同时以临界应力的 1/2 作为表面持续拉应力的限值,即结构件的加工、成型、热处理、装配等所造成的残余应力总和不得超过表面持续拉应力限值的 1/2。在考虑各种因素后,设计所取的工作应力也不得超过临界应力的 1/2。

总残余表面应力的限值之所以取为临界应力的 1/2,是根据现代的疲劳寿命要求和现时的工艺水平,从现代设计工作应力水平的实际情况出发的。结构的加垫装配就是以防止结构产生应力腐蚀为出发点的,故在结构设计和装配时,以临界应力的 1/2 作为控制装配加垫的主要依据。

6.2.2 垫片的设计原则

垫片的设计原则如下。

(1) 正确选择零、组、部件的设计基准,使之与装配定位基准和加工基准相一致,以减少间隙的积累环节,从而减小间隙量。

(2) 受剪接头处若有设计间隙,必须确定允许最厚垫片和允许强壮间隙。若刚性结构件,如锻件、铸件、型材和 25mm 以上的钣金件间有设计间隙(非受剪接头处),则应确定最大允许强装间隙。

(3) 垫片一般采用可剥垫片,而整体垫片只在可用可剥垫片进行补偿的情况下使用。

(4) 垫片材料应与结构材料一致或选用电位差较小的材料。

6.2.3 装配过程工艺垫片控制

结构装配中的工艺垫片由于装配工艺协调误差的积累,不可避免地要采用工艺垫片。工艺人员除了要考虑在各种加工中尽可能减少残余拉应力,还必须力求减少或减薄垫片,正确控制强装应力。装配中的垫片控制,根据相关工艺标准可归纳如下。

(1) 设计图纸有特殊规定者,则按规定处理。

(2) 设计图纸有一般规定者,若注有"按需加垫",则在零件正确定位后,用塞尺测定间隙,若超过 0.25mm,就要加垫装配。所用垫片应阳极化或涂漆,垫片边缘和弧垫、斜垫表面应修光至 $\nabla 5_{(Ra3\cdot 2\mu m)}$。加垫后的间隙应小于 0.25mm。

(3) 设计图纸无规定者,如系锻件、铸件、型材和厚度超过 2.5mm 的外壳,当贴合面的间隙大于 0.25mm 时,按"强装还是加垫"处理。

(4) 薄外壳、盖板等非受力结构强壮与否不受上述"间隙应小于 0.25mm"的限制。

（5）结构装配中的强装还是加垫强装必须认真对待，万万不可忽视。有的间隙超过 0.25mm 而未加垫装配，结果结构件提前出现裂纹，不得不对同类产品进行检查，在经济上造成很大损失。

6.3　装配过程强装控制

6.3.1　强装的判据

结构件的内表面持续拉应力应小于允许最大持续拉应力值，在施力点离支承点的距离不大于 250mm 部位，用手的拇指和食指指尖加压，若能消除间隙，即可强装，否则就要加垫，加垫厚度一般取加压后的间隙值。这一规定适用于受拉接头，而对受剪接头来讲，如垫片厚了，就会影响钉的受力。在这种情况下，宜采用强装以适当减小垫片厚度，但强装应力和零件已有的残余应力之和不得超过最大持续拉应力值。

6.3.2　强装与加垫的权衡

若结构件的受拉接头处（主要承拉的连接件）有间隙，采用强装会使结构件局部承弯，故以采用加垫装配为宜；若受剪接头处的间隙用两手食、拇指指尖加压不能消除掉，则应加垫装配。若垫片过厚，则按指尖加压后的剩余间隙值来确定垫片厚度。如果这样做仍嫌垫片过厚，要进一步增加强装量时，那么强装应力不得超过允许强装应力。

强装时要在钻孔和小孔之前准确定位并夹紧，以消除夹层间隙。这样在钻、校孔时，可避免贴合面处产生毛刺。钻、划、校孔时要保持孔的垂直度、孔壁光度，以及孔与窝的同心度。一般铆钉可代之以干涉铆接，以提高接头的疲劳寿命。

依靠自身引线支撑、每一个引线受力超过 $5g$ 以及有特殊要求的元器件应加固处理。需要灌封可用硅凝胶进行处理。高低频连接电缆在插头座尾端与电缆连接处用带胶热缩套管热缩后进行连接密封处理，以保护电缆焊点不被腐蚀。铝制铭牌可在装配后涂腐蚀防护与控制漆或清漆处理。

6.4　装配过程中清洗除油

装配过程中清洗除油要求如下。
（1）零件在装配前应启封检查表面质量，装配的零件应是无锈蚀的。

（2）装配前用含置换型防锈油的汽油清洗零件操作时,应戴上干净的手套。

（3）装配所用的压缩空气必须是经油水分离器处理干燥、清洁的。

（4）因装配零件需要锉修或打磨而局部防护层损伤的,则在打磨清洗干净后对钢铁、钛合金件可涂漆或防锈油(膏)保护,对铝合金件局部刷涂阿洛丁氧化液后再涂漆保护。对钢件可刷镀镉、镍,对高强度钢可刷镀专用镉镀层。

（5）凡使用燃油、液压和润滑油工作的零组件,在装配过程中可用清洗油冲洗,在润滑油料中可添加小量缓蚀剂以达到防锈效果。

（6）带有非金属的组合件清洗时不应用汽油。

（7）装配过程中应彻底清除外来物,应注意和防止接触腐蚀、缝隙腐蚀。

（8）部装、总装后应彻底清理杂物、油污等,并用压缩空气吹干。尤其注意不要堵塞排水孔。

（9）经启封检查后的磷化、发蓝钢件和滚珠轴承应立即涂防锈油或填充工作油膏。若防锈油膜对装配无影响,则装配可不除去油膜。

（10）装配后有外露的钢制零件,必须涂防锈油保护。

6.5 装配过程中缓蚀剂的使用要求

6.5.1 选用原则

防腐材料的选用一般应参照如下原则:

（1）根据军用飞机外场不同部位腐蚀防护的不同需求选择对应功能的防腐材料,所选用的防腐材料应能完全满足使用需求。

（2）综合考虑防腐材料的有效性、施工性和经济性。

6.5.2 一般要求

装配过程中缓蚀剂的一般要求如下。

（1）对不需拆卸的"永久"型安装的紧固件,采用缓蚀剂或防锈底漆进行湿装配,以达到密封要求。对其他要求密封的门、孔、接头和口盖等,应在装配中进行密封施工,以防有害介质的浸入。

（2）对起落架舱、武器舱、电子设备舱等可能产生凝露的舱室,装配后喷涂水置换型缓蚀剂或脱水防锈油保护。

（3）对于电子设备选用各种高低频接插件,在装机前可浸涂电接触固体薄膜保护剂 DJB-823 进行处理,以增强表面防护能力和降低插拔力。各模块电装调试后,对印制板、元器件和焊点进行腐蚀防护与控制保护。一般电路板可涂敷清漆、绝缘漆、腐蚀防护与控制漆,如 S01-3 聚氨酯清漆(25~70μm)。高频板可涂敷电性能和防潮性能均优良的有机硅树脂保护,如 DCl-2577(50~200μm)或 DCl-2577G。目前,还可使用真空涂敷设备对高频元器件进行腐蚀防护与控制涂敷,效果较好。

6.5.3 硬膜缓蚀剂选用要求

选用的硬膜缓蚀剂应符合表 6-1 的规定。

表 6-1 硬膜缓蚀剂主要性能指标

序号	项目	性能指标	测试方法
1	外观	均质液体	目视
2	磨蚀性	玻璃片无划痕	SH/T 0215
3	可喷涂性	2~7℃冷藏后可喷涂	SH/T 0216
4	膜层可去除性	脂肪族溶剂可去除膜层	SH/T 0212
5	金属腐蚀性	镁合金 ZM5、锌 Zn-3、镉 Cd-3 质量变化不超过 0.5mg/cm^2,铝合金 2A12-T4、铜 T2、黄铜 H62 质量变化不超过 0.2mg/cm^2	SH/T 0080
6	耐中性盐雾	1500h 试验后,铝合金试样表面不小于 1mm 的腐蚀点少于 3 个	GB/T 10125—2021
7	耐人造海水-亚硫酸盐雾	12 个循环试样无腐蚀	GJB 5205—2004
8	人造海水置换性	钢试样无明显腐蚀	GJB 5205—2004
9	可渗透性	润湿 24h 后,任何单个试样表面被润湿区域不低于 80%,三个试样平均被润湿区域不低于 85%	
10	耐剥落腐蚀	浸泡 48h,铝合金不出现明显的腐蚀现象	HB 5455—90
11	耐水性	(40±2)℃水浸 28 天,不露出金属基材	
12	干燥时间(室温)/h	≤24	GB/T 1728—2020
13	膜层透明性	目视可见模拟腐蚀点	
14	膜层可鉴别性	在可见光下试片上被涂部分与未涂部分的分界线应能清晰可见	
15	低温结合力(-55±2)℃	膜层表面剥落不大于 1.3mm	
16	低温柔韧性(-55±2)℃	膜层破裂或剥落的宽度不大于 1.3mm	
17	高温流动性(125±2)℃	流动距离不大于 1.3mm	

6.5.4 软膜缓蚀剂选用要求

选用的软膜缓蚀剂应符合表6-2的规定。

表6-2 软膜缓蚀剂主要性能指标

序号	项目	性能指标	测试方法
1	外观	均质液体	目视
2	磨蚀性	玻璃片无划痕	SH/T 0215
3	可喷涂性	2~7℃冷藏后可喷涂	SH/T 0216
4	油膜厚度/μm	≤12.7	SH/T 0105
5	膜层可去除性	脂肪族溶剂可去除膜层	SH/T 0212
6	金属腐蚀性	同硬膜缓蚀剂主要性能指标	SH/T 0080
7	耐中性盐雾	1500h试验后,铝合金试样表面不小于1mm的腐蚀点少于3个	GB/T 10125—2021
8	脱水性	45钢试片无锈蚀	
9	氢脆	150h不断	GJB 5974—2006

6.5.5 电子设备缓蚀剂选用要求

选用的电子设备缓蚀剂应符合表6-3的规定。

表6-3 电子设备缓蚀剂主要性能指标

序号	项目	性能指标	测试方法
1	外观	均质液体	目视
2	磨蚀性	玻璃片无划痕	SH/T 0215
3	可喷涂性	2~7℃冷藏后可喷涂	SH/T 0216
4	油膜厚度/μm	≤12.7	SH/T 0105
5	膜层可去除性	脂肪族溶剂可去除膜层	SH/T 0212
6	金属腐蚀性	镁合金 ZM5、锌 Zn-3、镉 Cd-3 质量变化不超过 $0.5mg/cm^2$,铝合金 2Al2-T4、铜 T2、黄铜 H62 质量变化不超过 $0.2mg/cm^2$	SH/T 0080
7	耐中性盐雾	168h试验后,铝合金试样表面不小于1mm的腐蚀点少于3个	GB/T 10125—2021
8	脱水性	45钢试片无锈蚀	
9	氢脆	150h不断	GJB 5974—2006
10	击穿电压	不低于25000V	GB/T 507—2002
11	接触电阻	涂与不涂接触电阻变化不大于10%	GB/T 5095.2—1997

对于不可拆卸的部位应使用硬膜缓蚀剂,对于需要经常拆卸的部位应使用软膜缓蚀剂;对于密闭腔体内部可使用气相缓蚀剂。

6.6　装配后的处理

装配后的处理要求如下。

（1）部装、总装后应清除杂物、油污、碎屑等。

（2）整机应清理干净、压缩空气吹干。

（3）对设备内腔的电镀层、转化膜层可涂脱水防锈油保护。

（4）对可能产生凝露的设备内腔表面装配完成后,进行清洁,最后喷涂溶剂稀释型脱水防锈油保护。

（5）不要将防锈油涂到橡胶、非金属件上。

第7章 特殊要求

7.1 发动机、任务系统及机载设备的腐蚀防护控制

发动机、任务系统及机载设备的腐蚀与防护是一个系统工程,应贯穿设计、制造、试验、使用和维护的全过程;需要承研单位的密切配合、通力合作。

发动机、任务系统及机载设备各承研单位应不断开展新型表面防护技术研究,不断补充和完善性能可靠的新型表面防护涂镀层体系。技术人员应充分考虑发动机、任务系统及机载设备的环境适应性需要,不断提高发动机、任务系统及机载设备的环境适应性和防腐蚀能力,持续开展新材料、新工艺技术研究,不断提高表面防护技术水平。生产制造部门、工艺部门等共同开展生产过程、试验过程、维护修理过程中的腐蚀控制及相关技术的落实工作。

7.2 异种金属接触腐蚀防护控制

7.2.1 异种金属接触的防护要求

异种金属接触的防护要求如下。

(1) 异种金属接触应满足 GJB 1720—93《异种金属的腐蚀与防护》要求。

(2) 当两种不允许接触的金属必须连接时,除了采用加入金属垫片的方法进行调整、过渡、减少电位差,还可以选择好的零件镀覆层体系实现调整过渡。

(3) 应采用小阴极、大阳极结构:电偶腐蚀速度随阴/阳极面积比值增大而增大。减小阴极面积可以减少阳极腐蚀量。

(4) 关键件应采用阴极性材料制作。

(5) 避免电化偶的保护方法:涂漆(不同金属接触面涂底漆)、密封胶隔离或填充(不同金属接触面涂密封剂 XM-22B 或 XM-30)、粘贴不干胶带(禁止使用布基胶带)。

7.2.2 绝缘隔离材料的选用

绝缘隔离材料的选用要求如下。

（1）绝缘隔离材料应是良好的电绝缘体。侵蚀性越强、电位差越大,连接部位所选用的绝缘隔离材料的电阻值应越大。

（2）绝缘隔离材料不应吸水吸潮。

（3）用绝缘隔离材料制成的隔离件(如垫圈)应有足够的厚度。

（4）绝缘隔离件的化学成分和结构形式应对连接件材料无有害影响。

7.2.3 紧固件防护

1. 紧固件选择要求

（1）选取具有密封效果的紧固件,如密封铆钉、干涉铆钉、锥形螺栓、高锁螺栓等。

（2）尽量压缩品种、规格;优先采用十字槽螺钉,不应使用自攻螺钉。

（3）凡适用之处,应采用快速、可靠脱扣、自锁紧和不脱落紧固件。

（4）在铝合金中旋入螺钉时,应使用钢丝螺套。

2. 紧固件装配

（1）紧固件装配除不宜采用湿装配的部位外,原则上全部采用湿装配,湿装配材料根据具体需要可选用底漆、密封剂、润滑脂。涂敷量应保证使紧固件装配后连续挤出且不过量。

（2）紧固件装配应选择特定的安装工具,根据不同部位、材料选用定力装配。

第8章 飞机机体结构外场腐蚀损伤检查

8.1 飞机腐蚀的表现形式

飞机常见腐蚀表现形式如表 8-1 所示。

表 8-1 飞机常见腐蚀表现形式

材料	腐蚀类型	腐蚀产物外观
镁合金	对点蚀和常见腐蚀敏感,海军飞机不推荐选用	白色粉状、雪花状粉末,表面有白色斑点
铝合金	表面点蚀、晶间腐蚀和剥蚀、应力腐蚀、腐蚀疲劳。硬铝一般先发生点蚀,逐渐发展成晶间腐蚀、剥蚀。7A04 铝合金易产生应力腐蚀裂纹	白色斑点,发展后表面起泡,出现白色或者黑色粉末。严重者出现层状剥离
合金结构钢	表面氧化和点蚀、均匀腐蚀、应力腐蚀、氢脆、腐蚀疲劳。合金钢强度越高,耐蚀性就越差,对应力腐蚀的敏感性就越大	表面发暗或者呈暗灰色,发展为红褐色或者黄褐色锈层,重者出现斑状蚀坑、腐蚀裂纹
不锈钢	点蚀(奥氏体不锈钢比马氏体不锈钢耐蚀性能好)、晶间腐蚀(由于热处理不当)、缝隙腐蚀、高强度不锈钢应力腐蚀、氢脆、腐蚀疲劳	表面粗糙证明已被腐蚀,有时为红色、棕色或黑色锈蚀
镉、锌 (钢的保护层)	耐蚀性能好,若发生腐蚀,则腐蚀产物能够保护钢基体免受腐蚀,与铝合金、结构钢有较好的相容性	白色、深棕色、黑色的斑点或白色粉末,底材会出现红色锈斑
铬 (钢的耐磨镀层)	在氯化物环境中会产生点蚀	底材会出现锈斑
铜合金	表面腐蚀、晶间腐蚀、应力腐蚀,黄铜有脱锌腐蚀,腐蚀性破裂(季裂)现象	铜的腐蚀产物呈绿色,也有的呈橘红色或者黑色。铝青铜可呈白色、暗绿或者黑色薄膜,严重时呈斑点状或者层状凸起
钛合金	耐蚀性能良好,长期或者重复与氯化物溶液接触会使钛金属结构性能下降,耐蚀,镉脆	白色或者灰色粉末

续表

材料	腐蚀类型	腐蚀产物外观
复合材料	环境介质的腐蚀(如紫外线引起的老化)、生物腐蚀、雨蚀及复合材料对其他结构材料的电偶腐蚀	脱胶、分层、脱黏、树脂基体变色、粉化、龟裂等
涂层及其他非金属材料	老化、生物腐蚀、溶胀、分解、应力腐蚀等	变色、粉化、变质、鼓泡、结合破坏、龟裂、掉皮等

8.2 腐蚀通用检查方法

飞机的腐蚀通用检查方法如下。

(1)目视检查:只能大概地判断金属构件有无腐蚀,而无法判断其腐蚀程度或一些特殊的局部区域;目视检查主要是从金属构件的形貌外观、颜色变化等一些直观感觉来判断。

(2)着色检查:着色法应用毛细管原理,用渗透的方法无损检查零件表面、近表面的开口缺陷;具体方法是将被检查部位清洗干净,依次用清洗剂、渗透剂、显像剂处理后,便可得到有缺陷的"彩像"。应用着色检查时,必须将待检部位的保护层除掉;可以有效地检测出金属构件的腐蚀,如孔蚀、晶间腐蚀、缝隙腐蚀等。

(3)涡流检查:原理是当载有高频电流的探头线圈在金属表面扫描时,即产生了电流,当遇到腐蚀、裂纹等缺陷时就会阻碍电流通过,并影响探头线圈的阻抗;可以发现机件有无腐蚀裂纹;对常见的表面及浅表层腐蚀都可以进行检测,而且不受金属表面的氧化层、漆层及油污的影响。

(4)超声波检查:原理是从探头发射的超声波遇到界面(腐蚀、裂纹等)发生反射,根据反射波的反射时间及其幅值的大小,可以准确确定缺陷距探头的距离和缺陷的大小;对飞机上常见的腐蚀类型几乎都能进行检测。

(5)X射线照相检查:利用当材料内部有缺陷时,衰减量产生变化这一原理工作的;可以检测应力腐蚀、疲劳腐蚀、孔蚀、晶间腐蚀等内部腐蚀缺陷,而且检查时不受零件形状的限制,还可以检测如作动筒、导管等空心零件内表面上的腐蚀。

(6)磁力探伤:检查原理是材料磁化后,由于缺陷的存在,引起磁力线的折射,导致部分磁力线漏出零件表面而形成漏磁场。磁粉受漏磁场吸引聚集在缺陷上,产生肉眼可见的磁痕;作为一种比较成熟的无损检测方法,它被广泛地应用于探测材料表面和近表面缺陷。

8.3　腐蚀检查路线

根据飞机结构部位的重要性、载荷情况、材料与工艺特点、腐蚀环境及表面防护情况,应将机身、机翼、尾翼、起落架等部件上的应力严重部位或腐蚀严重部位,作为飞机结构外场重点部位来检查。包括:

(1) 内结构表面:内部可能出现长期滞留的凝露、渗漏或腐蚀介质的结构部位,发生较严重腐蚀的可能性大,需要做外场重点检查。应该特别注意排水孔可能被外来物堵塞。

(2) 机身、机翼和水平尾翼下表面通常为飞机易腐蚀部位,特别是紧固件周围和接缝边缘。

(3) 各种外露接头、支架,特别是不同金属材料的构件连接部位。

(4) 起落架舱(或轮舱)、进气道、设备舱、机翼前梁和后梁等半封闭部位。

(5) 前起落架和主起落架支座、下加强板、螺栓等容易出现腐蚀的部位。

(6) 对接、搭接部位,特别是异种金属连接部位,这些部位可能会出现缝隙腐蚀或电偶腐蚀。

(7) 检查密封部位的密封胶条、垫圈等是否存在发脆、龟裂等老化失效现象。

(8) 熔丝和各种管路系统,包括接头、固定支座、卡板。

(9) 检查蓄电池附近处的结构段、整体油箱内表面有无气泡等腐蚀现象。

(10) 吸潮材料附近区域,如捆扎或粘贴在金属结构上的皮革、泡沫橡胶等,可能会产生严重的腐蚀。

(11) 镁合金零件(特别是在与其他零件相接触处和缝隙内的零件)。

8.4　腐蚀检查时机

飞机腐蚀检查时机要求如下。

(1) 应结合飞行前准备、飞行后检查、周期性工作和定期检修工作开展。

(2) 若型号飞机技术文件中没有相关要求,全机结构的检查周期一般应遵循以下原则:关键腐蚀危害区,每隔14天检查一次;重度腐蚀危害区,每隔30天检查一次;一般腐蚀危害区,每隔60天检查一次。

(3) 在遵循上述原则的基础上,结合型号飞机自身特点和使用情况,针对以下情况适当提高检查频率:高强度飞行后或在废气积累的地方长时间停放;暴露在高盐分或其他腐蚀性介质中。

8.5 腐蚀信息采集

腐蚀信息数据的采集,首先应依据型号飞机结构特点和使用特点,确定飞机的腐蚀监控部位、检查时机、检查方法和数据记录方式。

采集的腐蚀信息内容应包括飞机的履历信息、飞机服役环境数据、腐蚀检查日期、腐蚀部位、腐蚀的类型、腐蚀部位的材料、腐蚀的描述、腐蚀部位腐蚀尺寸、腐蚀照片等。腐蚀相关信息应参照 GJB 1775—93《装备质量与可靠性:信息分类和编码通要求》及有关标准进行分类,并应纳入部队现有的装备信息系统。

各飞行团队质量控制室主要负责组织部队按照拟定的方式,进行原始数据的采集,并负责将数据传递到"数据处理中心"。数据的整理、输入及分析,由"数据处理中心"完成。"数据处理中心"与各飞行团队质量控制室建立直接的业务关系,并负责指导腐蚀损伤部位的数据采集和确定传递方式。

数据处理必须依赖于"数据处理"软件。软件要求能够对数据快速有效的输入和整理,能进行必要的分析。对单架飞机或机群的腐蚀发展趋势和发展速度做出预测。整个监控网络采集和处理的飞机腐蚀数据,作为飞机腐蚀数据库永久保存。"数据处理中心"的评估报告提供给军用机关决策参考及新机研制部门选材时评定的依据。

8.6 腐蚀损伤等级划分

飞机机体结构腐蚀损伤等级划分为三级。

1. 可允许损伤

腐蚀现象为变色、防护层损伤或局部区域基体金属裸露,基体金属表面存在腐蚀污点;结构件存在腐蚀损伤,但不超过容限值,可不需要做任何补强修理,仅进行简单防护处理。对于这类腐蚀损伤,一般只需在基层级场所(包括航空母舰甲板和机库)进行必要的腐蚀防护(如用砂纸打磨表面腐蚀或在裂纹尖端打止裂孔),即可保证飞机的飞行安全。

2. 需补强修理损伤

腐蚀现象为除防护层起泡、起皮或鳞片、剥落外,出现轻微的腐蚀现象;结构腐蚀损伤较严重,超过修复容限,需要进行补强修理。对于这类腐蚀损伤,一般可在中继站场所或基地级场所进行轻度机械打磨或动力打磨之后进行补强修理。

3. 换件修理损伤

一般腐蚀现象如中等程度腐蚀,但可能存在严重起泡和/或剥落、腐蚀产物脱离,基体金属表面出现严重腐蚀裂纹;结构腐蚀损伤严重,已不能局部补强修复,或者损伤在多处发生,进行多处局部补强修复在经济上不合算,需局部或整体更换损伤件,以达到排除故障的目的。对于这类严重腐蚀损伤的修理,一般需在基地级或中继站场所进行。

8.7 腐蚀程度的分级

发现腐蚀后,应当确定腐蚀等级和腐蚀损伤类型。通常将腐蚀分为三个等级:

(1) 轻微腐蚀:一般是指结构出现褪色或锈蚀点,但腐蚀损伤尺寸不超出设计规定容限值的腐蚀。

(2) 中等腐蚀:一般是指结构出现局部鼓包、剥落及磷化等腐蚀现象,其他表现类似于轻微腐蚀,但腐蚀损伤尺寸超出设计规定的容限值。

(3) 严重腐蚀:一般是指结构出现带有严重的鼓包分层、剥落及鳞化等腐蚀现象,外观类似于中等腐蚀,但腐蚀损伤尺寸超出设计规定的容限值,影响飞行安全。

8.8 腐蚀损伤修理类别

8.8.1 非补强修理

结构存在腐蚀损伤,但不超过设计规定的容限值,无须做补强修理,仅需对已产生的腐蚀或轻微损伤进行清除、测量,并做好腐蚀损伤部位的防护处理。

8.8.2 补强修理

结构基体腐蚀损伤较严重,超过设计规定的容限值,经分析可知补强后的结构强度能够满足剩余强度要求,应进行补强修理,具体要求如下:

(1) 腐蚀损伤部位较为开敞,有施工空间;腐蚀损伤件拆装困难,成本较高;损伤部件有一定的剩余强度,原则上采取补强修理。

(2) 补强部位强度应用设计应力数据计算,补强后的应力水平不应低于原结构。

8.8.3 更换修理

应进行更换修理的情况主要包括：
(1) 结构腐蚀损伤严重，进行局部补强修理已不能满足要求。
(2) 腐蚀损伤在多处发生，进行多处局部补强修理在经济上不合算。
(3) 结构件损伤处无补强的空间。

8.8.4 改装修理

改装修理的情况主要包括：
(1) 双金属连接部位改装。
(2) 原设计不合理的改装。
(3) 便于外场检查、维护的改装。
(4) 技术通报的改装。

第9章 飞机机体结构外场腐蚀修理要求

9.1 腐蚀损伤的初步检查

对腐蚀损伤进行初步检查,确认结构材料,初步判断腐蚀范围、腐蚀程度、腐蚀原因等。

9.2 腐蚀部位的标记

对初步判定的腐蚀部位进行标记。

9.3 腐蚀损伤的检测

对结构腐蚀部位进行腐蚀检测时,应当根据检测部位和检测内容需要,使用反光镜、内窥镜、放大镜等工具实施目视检查;必要时,应用孔探、超声、磁粉、涡流等无损检测技术实施检测。具体检测内容包括:
(1) 应检查防护涂层有无变色、鼓包、起皱、开裂、粉化、脱落等。
(2) 应检查基体材料有无腐蚀产物,必要时对腐蚀产物取样封存、分析。
(3) 应使用拍照或录像等手段对腐蚀部位的腐蚀信息进行准确记录。
(4) 可使用放大镜、直尺、游标卡尺等工具测量腐蚀损伤长度;可使用深度千分尺、深度计和游标卡尺等工具测量腐蚀损伤深度。测量时,应使深度千分尺、深度计和游标卡尺等工具的基面紧贴在腐蚀周围未受到损伤的表面上。
(5) 对无法直观检查的部位,可用无损检测方法。

9.4 腐蚀损伤程度的确定

对结构腐蚀损伤部位检测完毕后,应依据检测信息和腐蚀产物样品分析结果,确定结构腐蚀损伤程度。

9.5 腐蚀损伤的评估

9.5.1 评估内容

结构腐蚀损伤的评估内容包括：
(1) 腐蚀类型及修理难易程度。
(2) 腐蚀损伤修理后的使用要求。
(3) 腐蚀损伤修理前、后评估/分析。
(4) 视情进行修理结构的日历寿命评估。

9.5.2 评估应考虑的因素

腐蚀损伤的评估应综合考虑下列因素：
(1) 环境条件及其强度、持续时间、作用频次。
(2) 环境、材料、载荷/应力的组合情况。
(3) 化学、热和气候环境腐蚀损伤评估的敏感性因素应考虑材料类型、表面防护状况，检测及时性因素(可检性)应考虑暴露于有害环境的可能性和检查时损伤的可见性。
(4) 应力腐蚀评估的敏感性因素应考虑材料类型和表面防护状况，检测及时性因素应考虑制造和使用中可能形成内应力的程度和检查时损伤的可见性。
(5) 腐蚀修理前应对补强修理或换件修理的结构，采用适当的方法进行腐蚀环境下的静/动强度、疲劳、耐久性和损伤容限分析，明确是进行补强修理还是换件修理。

9.6 腐蚀修理方案的确定

9.6.1 腐蚀修理方案的制定

当腐蚀超出型号飞机使用维护技术文件所规定的腐蚀损伤容限时，应根据腐蚀损伤修理评估结果制定相应的腐蚀修理方案，具体要求如下。
(1) 腐蚀修理方案应合理、可靠。
(2) 应进行强度计算和工艺可行性分析，并在必要时开展试验验证。
(3) 应将腐蚀修理方案上报。

9.6.2 腐蚀修理方案的验证

腐蚀修理所采用的技术方法/措施,应通过检查、分析、使用、试验或它们的组合来验证,包括与有关标准、规定的符合性的分析,是否满足海军飞机使用要求等。

腐蚀修理试验主要是验证补强件、替换件的承载/传力等强度性能、表面防护和工艺特性、关键结构件的寿命等。腐蚀修理试验验证具体要求如下。

(1) 试验件设计与制备,应与补强件、替换件的结构形式、材料、防护体系、加工工艺等一致。

(2) 试验环境条件应再现补强件、替换件的局部腐蚀环境与应力状态,可基于设计使用载荷/环境谱,采用加速试验方法进行。

(3) 应对试验数据进行统计、分析,评定修理方案的合理性。

9.7 修理前准备

腐蚀修理前准备工作如下。

(1) 应准备与清洁和修理相关的设备、工具、材料等。

(2) 应将飞机搭铁线接地,并拆除或断开飞机蓄电池(瓶)。

(3) 应清洁厂房或机库等修理场地。

(4) 如需拆卸部件,应按照型号飞机使用维护技术文件要求进行拆卸。

(5) 应采取如遮盖、隔离等必要措施保护腐蚀邻近区域。

(6) 其他修理前准备工作。

9.8 腐蚀区域的清洁

腐蚀区域的清洁要求如下。

(1) 应用清水兑中性洗涤剂清洗腐蚀区域,再使用清水清洗并用棉布擦干。

(2) 如腐蚀区域不适于用上述方法清洗,应用 180 号洗涤油、RJ-1 型清洗剂或符合 HB 5226—82《金属材料和零件用水基清洗剂技术条件》要求的水基清洗剂清洁并用脱脂棉擦干。

9.9 金属结构表面脱漆

9.9.1 一般要求

金属结构表面脱漆的一般要求如下。

（1）一般情况下，金属表面的漆层可采用化学方法或机械方法去除；非金属表面的漆层只能采用机械方法去除，但不能使用动力工具。

（2）应在空气流通的环境中使用脱漆剂，并穿戴手套、护目镜和防毒面具；使用化学脱漆方法时还应穿防护衣。

（3）应避免脱漆剂接触皮肤和眼睛，如果接触眼睛，应立即用大量水清洗，必要时立即就医。

（4）禁止在使用溶剂时或在溶剂存储区饮食、吸烟。

（5）脱漆过程中应限制人员进入飞机的内部。

（6）脱漆时应避免伤及结构基体表面，用机械法脱漆时应避免过量去除基体金属和对零件产生过热。

（7）不应使脱漆剂接触或进入轴承、液体或干膜润滑零组件。

（8）脱漆前应去除所有标记、油脂和其他污染物，保护脱漆邻近区域。

9.9.2 化学法脱漆步骤

化学法脱漆的一般步骤如下。

（1）脱漆前去除所有标记、油脂和其他污染物，用塑料片/带和绝缘胶带双层密封脱漆邻近区域。

（2）用溶剂清洗脱漆表面。

（3）充分混合脱漆剂后用油漆刷或酸性刷较多地涂敷，使脱漆剂完全覆盖漆层表面。

（4）让脱漆剂在结构表面停留至涂层完全疏松；如果脱漆剂变干，用塑料胶片二次涂敷脱漆剂。

（5）用抹布、光纤刮刀、刷子、砂布或金属丝绒去除疏松的膜层，避免破坏金属表面。

（6）重复步骤(3)~(5)，直至彻底去除漆层。

9.9.3 机械法脱漆步骤

机械法脱漆的一般步骤如下。

（1）脱漆前，遮盖或适当保护支承面、紧配合部位和邻近区域。

（2）用320目砂布手工打磨局部区域。

（3）使用动力旋转光纤刷去除较大面积区域漆层。

9.10 腐蚀清除

9.10.1 腐蚀清除方法

腐蚀清除方法一般有机械法和化学法两种,应综合考虑金属种类、腐蚀程度、损伤位置/可达性等因素,选取合适的腐蚀清除方法,优选机械法(手工或动力)。其具体操作见附录A。

9.10.2 金属结构表面腐蚀清除

铝合金、合金钢、钛合金、镁合金、耐蚀钢和镍合金的腐蚀清除操作见附录A。

9.10.3 腐蚀修理的施工

腐蚀修理的施工具体要求如下。
(1) 应严格按照型号飞机的使用维护技术文件、腐蚀修理方案和施工图纸进行腐蚀修理施工。
(2) 应对重点部位、特情部位的修理质量严格把关。
(3) 应注意构件间的刚度和变形协调。
(4) 更换紧固件时,若紧固孔扩大,应将紧固件直径加大一级。
(5) 拆装易变形部件时,应使用工装夹具。

9.11 腐蚀防护处理

9.11.1 一般要求

应参照 GJB/Z 594A—2000《金属镀覆层和化学覆盖层选择原则与厚度》中的规定对打磨过的构件进行表面处理。

9.11.2 内部金属结构的腐蚀防护处理

内部金属结构的腐蚀防护处理原则上应采用原用的腐蚀防护体系,主要包括:
(1) 铝合金结构件:打磨—涂阿洛丁—涂底漆—涂面漆。
(2) 镁合金结构件:打磨—涂镁合金氧化液—涂底漆—涂面漆。

(3) 钛合金结构件：吹砂、酸洗—喷涂钛合金溶胶－凝胶—喷面漆。
(4) 钢结构件：打磨—涂磷化底漆—涂底漆—涂面漆，或刷镀镉、镀镉钛。
(5) 裸露钢紧固件：打磨除锈后可刷镀镉或涂密封剂、防护油脂。
(6) 可视情补充下述防护层。

① 铝合金件：清除腐蚀产物、清洁表面后，可用化学处理方法修复铝合金件表面防护层。常用方法是在其表面涂阿洛丁：先彻底清洁表面，达到连续水膜水平；在表面保持湿态下，用刷子涂一层充足的阿洛丁，停留 2~5min；在此期间应保持表面湿润，然后用水冲洗；操作时不要损伤阿洛丁防护层；用水冲洗后应使表面干燥。

② 钢及合金钢：清除腐蚀产物、清洁表面后，应尽可能快地在钢件表面涂上铬酸锌底漆；应在底漆涂好 1h 后在其上涂敷面漆。

③ 镁合金：清除腐蚀产物、清洁表面后，可用铬酸盐溶液处理表面：用擦拭材料将溶液涂在表面，停留 10~15min，用热水彻底冲洗；也可用重铬酸盐处理：在表面涂敷重铬酸盐溶液，使其停留在表面直到形成均匀的金褐色氧化膜，用冷水冲洗表面并吹风干燥；在氧化膜变硬之前，不应过分地擦拭或触摸。

9.11.3 外部金属结构的腐蚀防护处理

除了按内部常用金属构件的表面防护方法执行，还应在表面喷涂面漆，腐蚀环境恶劣区域应涂两层面漆。

9.12 腐蚀修理后的验证

9.12.1 腐蚀修理后的检查

腐蚀修理后的检查要求如下。
(1) 应检查修理方案落实情况。
(2) 应检查施工情况及修理表面质量。
(3) 应检查文档是否存档、审批符合性情况以及应开展的试验是否进行。

9.12.2 腐蚀修理后检测验收

腐蚀修理后检测验收要求如下。
(1) 应根据结构修理的深度，确定是否对飞机进行水平测量；水平测量的数据应符合型号飞机有关技术文件的要求。

（2）应采用合适方法对补强或换件修理的结构进行腐蚀环境下的静/动强度、疲劳、耐久性和损伤容限分析，给出包括腐蚀疲劳寿命、裂纹扩展寿命和剩余强度等在内的相关结论。

（3）应对重点部位进行复查。

第 10 章　制造过程中腐蚀防控建议

10.1　通用要求

制造过程中腐蚀防护的通用要求如下。

（1）制造是对设计的精确复制，必须严格按设计的要求进行选择材料，确定工艺，施加涂层，控制加工环境，做好加工、制造、装配。

（2）制造过程不能损伤材料固有的耐蚀性，只有通过实践或试验证明不会损伤材料固有耐蚀性的制造工艺才应使用。

（3）制造过程要控制工序间的防锈和半成品、成品的封存包装。

（4）腐蚀控制相关的质量标准、试验方法、检验标准等文件要进入制造过程质量保证体系，并确立岗位责任制。

（5）涂镀层是良好的防腐蚀措施，但是其防护性能好坏与使用寿命长短关键在于施工，即其质量"三分在料，七分在工"。

（6）制定外购件采购原则，对其耐蚀性能的要求不能低于主机所在位置的耐蚀性能要求。

10.2　关注事项

通过总结飞机制造过程中出现的腐蚀问题，结合实际调研情况将腐蚀问题归纳为最主要的两大类：一类是成品装配和运输过程中出现的磕碰、擦划伤导致的掉漆问题，另一类是标准件装配后出现的腐蚀问题。

以下针对两个问题分别提出了具体的改进建议。通过在实际生产过程中开展试验及验证工作，一方面对可行性和实施效果进行验证，另一方面为制造过程中飞机腐蚀防护控制提供参考依据。

1. 针对掉漆行为的改进建议

有机涂层对防止金属的腐蚀具有十分重要的意义，广泛应用于对金属结构件的预防腐蚀。解决制造过程至交付部队之前飞机个别零部件因擦划伤或基体腐蚀等原因发生的掉漆行为，将从根本上控制军用飞机的腐蚀行为。

本方案实施主要包括补漆操作前的统计分析和补漆操作两大块内容,分别如图 10-1 和图 10-2 所示。

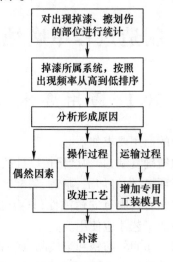

图 10-1　对掉漆部位进行统计分析

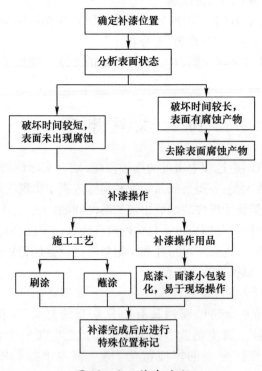

图 10-2　补漆流程

补漆前分析按照以下步骤进行：

(1) 所有零部件，在装配前应完成预涂底漆/面漆。

(2) 各工序应该分别在确认接受零部件时、装配操作前、装配完成后、移交下一工序前几个时间点，分别对零部件进行全面细致的检查，对出现掉漆的部位进行标注。

(3) 将所有出现掉漆、擦划伤部位进行统计分析，按照所属子系统和掉漆严重程度进行排序。

(4) 按照出现掉漆的程度和类别，逐个分析形成的原因，并针对不同原因采取不同手段，主要分以下几类情况：

① 零部件因自身内应力、基体材料老化分层、点蚀等偶然因素形成的掉漆，应上报设计部门审核，确定不影响正常性能、可继续使用后方可进行补漆操作。

② 操作过程中因使用工具磨损、装配过当、误踩等操作过程中人为因素造成的，应采用更换力矩扳手、改用专用工装、规范操作人员着装要求，落实车间无尘环境等方法，从源头上避免掉漆，然后方可进行补漆操作。

③ 运输过程中因未对零件间进行完全隔离包装，使其之间产生相互摩擦、碰撞导致的掉漆。应针对每个零件设计专用的运输包装，尽量避免车间外露天转运，运输车辆应配备良好的缓冲减震装置。对于已经掉漆的零部件采取补漆操作。

补漆操作时，应按照以下步骤进行：

a. 对确定的补漆位置进行表面状况分析，对于掉漆时间较短、基体金属未发生腐蚀，或面漆脱落但底漆和中间漆表面仍十分洁净的表面可直接进行补漆操作。

b. 对于破坏时间较长，表面有腐蚀产物的表面，应首先采用打磨、抛光、涂抹去腐蚀产物膏等方式在不影响零部件自身结构强度的情况下进行腐蚀产物去除后方可进行补漆操作。

c. 补漆前表面应进行除油、排除多余物，并应在尽可能短的时间内完成底漆喷涂（一般在 $2\sim4h$ 为宜，施工场地湿度越大，时间间隔应当越短），同时尽可能地缩短中间层以及面层的喷漆间隔，以确保油漆层的结合力。

d. 双组分涂料配制前分别搅拌均匀后，把固化剂慢慢加到基料（色浆）中，按规定进行熟化，经过滤达到喷涂黏度后才可使用。

e. 补漆过程中严禁赤手触摸待涂表面，严禁穿非工作鞋或脏污鞋踏踩喷涂表面，以免造成零件表面污染，影响补漆质量。

f. 补漆时应保证工作场地环境干燥。湿度、温度必须有相应的仪器监测，并做好记录,一般环境温度不低于10℃,有的要求不低于5℃,相对湿度不应大于75%(湿固化涂层例外,也有的涂料可以将相对湿度放宽到85%以下);施工之前,要认真阅读各种涂料的使用说明书,按其中的规定要求控制好施工现场的温、湿度。

g. 对于一般平整部位的大面积掉漆行为,采用排刷刷涂的方式进行补漆。对于因螺丝刀装配过程中造成的标准件螺孔或其他形状不规则部位掉漆的,进行补漆时,用毛刷采用蘸涂的方式进行补漆,蘸取涂料的量以刚好浸满毛刷为宜,既不往下滴也不能露出刷毛。蘸涂涂层的厚度应保证不小于其他刷涂部位厚度,但也不能使内部形成气泡或厚度过大。

h. 应按所规定固化工艺认真进行,并做好记录,应使涂层外观和干膜厚度达到技术文件规定后方可转交下一工序。

i. 严格控制工序间移交时验收制度,对于腐蚀修复情况不合格产品严格按照规定不予接收。

2. 针对标准件的改进建议

标准件作为制造、使用过程中最容易发生损伤的部位,往往最先发生腐蚀。从而形成缺陷部位,腐蚀也会从标准件进一步向四周蔓延。制定本方案为从源头处控制标准件发生腐蚀,如图10-3所示。

针对标准件的改进措施如下。

(1) 标准件在生产、外购过程中应进行独立包装、转运,尤其是经过表面处理后的标准件,防止标准件之间碰撞破坏表面处理层。

对于外购标准件要求供方提供相关涂、镀层厚度说明;自制标准件应严格按照相关技术文件要求进行,尤其热处理过程,严禁违规超过文件规定的数量和间距进行大批次操作。

(2) 所有标准件入库、出库前必须进行涂层度和外部形貌抽检检查,对于较大尺寸的标准件要求独立包装,对尺寸较小的标准件要求包装完整。不合格标准件严禁流通。

(3) 标准件在车间周转过程中,应设计专用的矩阵排列的软质泡沫模具,便于标准件的转运和取用。

(4) 装配过程中不同型号标准件采用单独对应型号带有力矩设定的专用扳手、螺丝刀,减小配合间隙。

(5) 对某些外露、非拆装部位,建议尽量安装后在螺钉槽口涂抹密封胶,保护槽口镀层破坏的部位不与腐蚀递质直接接触。

(6) 针对不同部位,装配完成后应蘸取底漆或密封胶进行外部损伤修复、补漆操作。

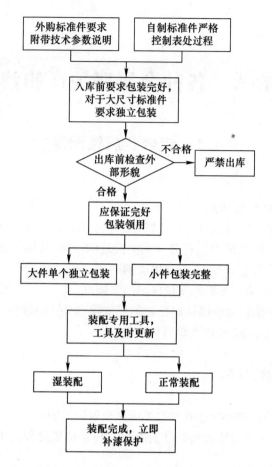

图 10-3 标准件腐蚀控制改进思路

附录 A 各种金属腐蚀产物清除

A.1 铝合金腐蚀清除

1. 机械方法

铝合金腐蚀的机械清除方法如下。

（1）采用的打磨工具包括：轻度腐蚀,应用砂纸手工打磨；中度或重度腐蚀应用打磨片打磨（优先选用），打磨片无法接近的区域,应用耐蚀钢刷；点蚀可用铣刀、圆锉或硬质合金刮刀；不应使用碳钢刷。

（2）清除腐蚀前应先拆卸腐蚀区域的紧固件。

（3）采用10倍放大镜确认腐蚀被彻底清除,腐蚀区域过渡后应再抛光去除0.05mm厚材料,以保证彻底去除腐蚀产物。

2. 化学方法

1）采用去腐蚀剂清除

操作方法如下。

（1）将去腐蚀剂喷涂或用海绵、毛刷涂至腐蚀表面。

（2）根据温度和腐蚀程度估计去腐蚀剂在结构表面停留的时间,一般建议停留 5~30min。

（3）清除腐蚀期间应使用耐酸短纤维毛刷不断搅动去腐蚀剂,去腐蚀剂不得在结构表面干燥,否则会有条纹残留。

（4）用清水冲洗或用干净湿抹布擦洗该区域,抹布需用清水频繁冲洗干净再用。用干净抹布擦干结构表面后,采用10倍放大镜检查确认腐蚀已被彻底清除。

2）采用去腐蚀膏清除

操作方法如下。

（1）将铝合金去腐蚀产物膏搅拌至糊状,使用刮刀、硬刷或聚氨酯弹性塑料将膏体均匀涂抹于腐蚀部位,涂抹厚度不应超过1mm,并保持25~30min,允许膏体与铝合金接触达2h。当腐蚀产物未被完全清除时可用软膏重复处理。

（2）自然干燥或用压缩空气吹干。

（3）用干净的纱布清除残余的软膏,或者干燥后用除尘器或毛刷清除。

（4）用纱布蘸溶剂型清洗剂轻轻擦拭表面,直至无任何膏体残留。

（5）自然干燥或用压缩空气吹干。

（6）使用铝合金去腐蚀产物膏去除腐蚀产物后24h内,应及时涂抹铝合金局部化学氧化膏,首先将氧化膏搅拌至糊状,使用刮刀、硬刷或聚氨酯弹性塑料将膏体均匀涂抹于腐蚀部位,涂抹厚度不应超过1mm,并保持到完全干燥。

（7）干燥后用除尘器或毛刷清除软膏。

（8）除膏体后,使用纱布蘸溶剂型清洗剂清洗表面,直至白色纱布表面无任何其他颜色为止。清除过程中应小心,避免过度用力损害氧化膜。

（9）自然干燥或用压缩空气吹干。

3）化学方法清除铝合金腐蚀的注意事项

注意事项如下。

（1）对于铝合金脱漆部位,可采用酸性脱漆剂。

（2）用硫酸调配去腐蚀产物剂时,不应往硫酸中加水,只能将硫酸加入水中。

（3）使用去腐蚀产物剂或膏时应穿防护服、戴防护口罩和耐酸手套。

（4）如果去腐蚀产物剂或膏溅到或者沾到皮肤或眼睛,应立即用清水冲洗并尽快就医。

（5）温度超过38℃或低于4℃,不应使用化学方法清除腐蚀。

（6）去腐蚀产物剂或膏不得流入结构接合面、缝隙等区域。

A.2　合金钢腐蚀清除

1. 机械方法

具体操作如下。

（1）强度为1516.9MPa以下的合金钢,首先采用耐蚀钢刷或0.28～0.48MPa压力喷砂清除大部分腐蚀,然后采用手工或动力打磨清除残余腐蚀。

（2）强度为1516.9MPa以上的合金钢,用刮刀或铣刀手工打磨或0.28～0.48MPa压力喷砂清除腐蚀;不能采用动力打磨方法,否则会使高强度钢表面过热而导致微裂纹。

（3）清除腐蚀后用400目的砂纸将表面打磨光滑,然后用丙酮清洗干净,表面干燥后应尽快进行表面防护,防止再生锈。

2. 化学方法

1）采用去腐蚀膏清除

具体操作如下。

（1）将钢的去腐蚀产物膏搅拌至糊状,使用刮刀、硬刷或聚氨酯弹性塑料将膏体均匀涂抹于腐蚀部位,涂抹厚度不应超过1mm,并保持25~30min,允许膏体与钢表面接触达3h。

（2）自然干燥或用压缩空气吹干;当表面颜色发生变化(由铁锈色变成淡绿-白色)说明软膏与腐蚀产物相互作用的过程已结束,可对软膏进行清除。

（3）用干净的纱布清除残余的软膏,或干燥后用除尘器或毛刷清除。

（4）用纱布蘸溶剂型清洗剂轻轻擦拭表面,直至无任何膏体残留。

（5）自然干燥或用压缩空气吹干。

2）注意事项

清除合金钢腐蚀注意事项如下。

（1）尽可能将合金钢构件拆卸清除腐蚀。

（2）工作区域应通风良好。

（3）热处理强度低于1516.9MPa的合金钢,可用不锈钢丝刷、被批准的手操作电动工具或选择合适的干磨料进行喷丸清除腐蚀产物,热处理强度为1516.9MPa及以上的合金钢不能用钢丝刷清除,以免划伤构件而产生应力集中。

（4）当钢件热处理到抗拉强度高于1516.9MPa时,它对氢的敏感性很强,此种情况下禁止使用酸性除锈液,一般使用碱性除锈剂(氢氧化钠基)去除红色铁锈。

（5）调配除锈剂时,不应往酸中加水,只能将酸加到水中,否则会产生爆炸式沸腾。

（6）氢氧化钠基碱性除锈剂为强碱,使用时应穿戴橡胶手套、围裙和护目镜。

A.3 钛合金腐蚀清除

钛合金腐蚀产物清除方法的选用原则如下。

（1）钛合金接触酸液易产生氢脆,因此不允许采用化学方法清除腐蚀,只能采用机械方法,但不能用动力工具清除腐蚀,避免应力集中。

（2）除清除腐蚀的通用步骤外,采用机械方法清除钛合金腐蚀主要包括用铝质抛光剂去除腐蚀;用软布去除铝质抛光剂。

A.4 镁合金腐蚀清除

除清除腐蚀的通用步骤外,清除镁合金腐蚀的基本步骤包括:

（1）封闭腐蚀周围区域，尤其是附近的传动机构、接合处、缝隙、铜或钢镶嵌件和钢镀件，以避免受到溶液的侵蚀。

（2）将三氧化铬与足量水混合，以确保每升溶液中含有 1g 三氧化铬，盛于惰性材料容器中；对于可拆卸零件在 88~94℃溶液中浸泡 15min；对于不可拆卸零件的现场操作，零件可在溶液中滞留 15~30min。

（3）15~30min 后，用大量自来水充分冲洗构件表面的溶液。

（4）如有必要，重复先前步骤直至彻底清除腐蚀，露出光亮的金属颜色。

注：选用喷砂方法清除镁合金腐蚀，只能使用玻璃丸进行喷砂。

A.5　耐蚀钢和镍合金腐蚀清除

1. 机械方法

清除腐蚀方法与合金钢相同。但是，厚度小于 1.6mm 的腹板和管壁不能采用喷砂与打磨清除腐蚀。

2. 化学方法

清除腐蚀方法与合金钢相同。

化学方法适用于严重腐蚀且去腐蚀产物剂或膏不会残留于结构表面的区域。

附录 B 缓蚀剂种类、适用范围和使用部位

缓蚀剂的种类及使用范围如附表 B-1 所示,缓蚀剂的使用部位如附表 B-2 所示。

附表 B-1 缓蚀剂的种类及使用范围

产品	使用范围	涂层类型
水置换润滑缓蚀剂	铰链、小口径和大口径武器在 -54~66℃ 温度范围内的全天候润滑和短期防蚀;使有效去除武器组件开火残留物、树胶和其他污染物更加便利,可以提供充足的润滑剂和短期防护。所以水置换型缓蚀剂中此种材料是最好的润滑剂,它具有极好的水置换性并渗透至紧密结点	腐蚀防护润滑薄膜
水置换软膜缓蚀剂	船运、储存和非服役使用期间金属表面水置换型、短期腐蚀防护,可用于铰链、炸弹支架和滑动部件等运动部件的低级润滑,不能应用于电子设备和插座内部	油性软薄膜($13\mu m$),半透明型、淡琥珀色
水置换电气专用缓蚀剂	航空电子设备和其他电子设备,电连接插头和接片的水置换型腐蚀防护	油性超薄软膜($13\mu m$),半透明型、淡琥珀色
水置换硬膜缓蚀剂	非活动件如外表结合处、安装紧固件头部涂层已破裂处、检查口边缘和膜层破坏区域水置换型腐蚀防护。由于膜层干燥后成为硬膜,所以不能应用于电子设备和插头内部区域或活动件结合区域	干性薄膜($25~40\mu m$),透明型,无色至淡蓝色
非水置换厚膜长效缓蚀剂	要求采用透明膜层时,室内储存期间金属表面腐蚀防护,飞机和设备内部膜层,金属丝控制索。最低使用温度 -40℃	软,非剥离,厚膜($50~100\mu m$),淡褐色

附表 B-2　缓蚀剂的使用部位

区域或部件	缓蚀剂	使用说明	去除说明
不要求润滑的未涂敷及涂层受损区域(紧固件端头,接合面,检修窗、门,框架边缘,附着点,不可移动的连接件)	水置换硬膜缓蚀剂或水置换软膜缓蚀剂	除去灰尘及多余水分后涂敷水置换硬膜缓蚀剂或水置换软膜缓蚀剂	用干洗剂或脱脂溶剂湿润过的非合成纤维的抹布
良好转动区域,活塞通气道及襟翼/板条槽	水置换软膜缓蚀剂		
外表面不要求高性能润滑剂或液压流体润滑剂滑动或活动件仅要求少量润滑剂(炸弹架部件、铰链、门锁)	水置换润滑缓蚀剂	使用水置换润滑缓蚀剂持续涂敷。若用手触摸过,则需再次涂敷	用干洗剂或脱脂溶剂湿润过的非合成纤维的抹布
带螺纹的表面;螺钉,各种紧固件	水置换润滑缓蚀剂型和非水置换厚膜长效缓蚀剂	将螺钉及紧固件浸入缓蚀剂并安装妥当。若时常拆卸,则使用水置换润滑缓蚀剂。若不常拆卸,则用非水置换厚膜长效缓蚀剂作为长期保护	将螺钉或紧固件浸入干洗剂或脱脂溶剂中,然后擦干或风干
接线盒外壳(外表面);位于控制面凹槽的接线盒外壳、舱底、飞机及导弹的其他内部区域,以及其余设备的所有区域	水置换软膜缓蚀剂和非水置换厚膜长效缓蚀剂	除去灰尘及多余水分,涂敷较薄的水置换软膜缓蚀剂,不要让缓蚀剂接触到内表面。然后涂敷非水置换厚膜长效缓蚀剂	用干洗剂或脱脂溶剂湿润过的非合成纤维的抹布
接线盒外壳(内表面);位于接线盒外表面的接线盒外壳	水置换电气专用缓蚀剂	除去灰尘及多余水分,均匀涂敷一薄层缓蚀剂	使用被异丙醇酒精湿润过的非合成纤维的抹布
接线盒插脚(所有)接线插脚和插孔	水置换电气专用缓蚀剂	请勿在接线盒插脚和插孔上使用本表所列之外的其他类型的缓蚀剂。使用持续的湿润缓蚀剂薄涂层,如果用手接触过或暴露于水中,请再次涂敷	使用非合成的猪鬃刷在插脚和插孔上涂敷异丙醇乙醇,轻轻擦拭所有插脚和插孔,再将其吸干
电子电气设备	水置换电气专用缓蚀剂		

续表

区域或部件	缓蚀剂	使用说明	去除说明
控制电缆(全部)(内部和外部)	水置换软膜缓蚀剂和非水置换厚膜长效缓蚀剂	使用水置换型缓蚀剂喷雾器喷涂水置换软膜缓蚀剂;然后使用非合成抹布或非金属毛刷涂敷非水置换厚膜长效缓蚀剂	用干洗剂或脱脂溶剂湿润过的非合成纤维的抹布
载货卷筒	水置换软膜缓蚀剂和水置换硬膜缓蚀剂	用水置换型缓蚀剂喷雾器在卷筒表面喷涂水置换软膜缓蚀剂;用被缓蚀剂湿润过的布擦拭,再用干抹布擦去多余的量用喷雾器在卷筒表面喷涂水置换硬膜缓蚀剂,干燥0.5h	用干洗剂或脱脂溶剂湿润过的非合成纤维的抹布

注:在使用缓蚀剂之前,确保以前的缓蚀剂已被去除。

参 考 文 献

[1] 陈跃良,王冬冬,张勇,等. T700 碳纤维环氧树脂复合材料与 2A12 铝合金电偶腐蚀研究[J]. 装备环境工程,2014,11(6):40-44.

[2] 张润保,刘炳根. 铝合金缝隙腐蚀试验方法研究[J]. 材料保护,1981(1):29-33,28.

[3] 张云霞,闫永贵,苏策,等. 缓蚀剂对 2024 铝合金在海水中缝隙腐蚀行为的影响[J]. 腐蚀科学与防护技术,2010,22(1):57-60.

[4] 孙飞龙,李晓刚,卢琳,等. 5052 和 6061 铝合金在中国南海深海环境下的腐蚀行为研究[J]. 金属学报,2013,49(10):1219-1226.

[5] 张晋,张涛,邵亚薇,等. 5083 和 6061 铝合金缝隙腐蚀行为的研究[J]. 腐蚀科学与防护技术,2014,26(2):125-131.

[6] TOMASHOV N D. Development of the electrochemical theory of metallic corrosion [J]. Corrosion,1964,20(1):7-14.

[7] EVANS U R,TAYLOR C A J. Mechanism of atmospheric rusting[J]. Corrosion Science,1972,12(3):227-246.

[8] STANNERS J F. Protection against atmospheric corrosion:theories and methods[J]. British Corrosion Journal,1976,11(3):121.

[9] VELEVA L,KANE R D. Atmospheric Corrosion[M]. New York:John Wiley and sons,1982.

[10] GRAEDEL T E. Gildes model studies of aqueous chemistry. I. Formulation and potential applications of the multi-regime model[J]. Corrosion Science,1996,38(12):2153-2180.

[11] CHENG Y L,ZHANG Z,CAO F H,et al. A study of the corrosion of aluminum alloy 2024-T3 under thin electrolyte layers[J]. Corrosion Science,2004,46(7):1649-1667.

[12] 王佳. 无机盐微粒沉积和大气腐蚀的发生与发展[J]. 中国腐蚀与防护学报,2004,24(3):155-158.

[13] EL-MAHDY G A,NISHIKATA A,TSURU T. AC impedance study on corrosion of 55% Al-Zn alloy-coated steel under thin electrolyte layers[J]. Corrosion Science,2000,42(9):1509-1521.

[14] 周和荣,李晓刚,董超芳,等. 7A04 铝合金在薄液膜下腐蚀行为[J]. 北京科技大学学报,2008,30(8):880-887.

[15] ZHOU H R,LI X G,MA J,et al. Dependence of the corrosion behavior of aluminum alloy 7075 on the thin electrolyte layers[J]. Materials Science & Engineering B,2009,162(1):1-8.

[16] 马腾,王振尧,韩薇. 铝和铝合金的大气腐蚀[J]. 腐蚀科学与防护技术,2004,16(3):155-161.

[17] 高蒙,孙志华,刘明,等. 固体颗粒沉积对7B04铝合金初期大气腐蚀行为的影响[J]. 装备环境工程,2016,13(5):160-165.

[18] 刘文珽,贺小帆. 飞机结构腐蚀/老化控制与日历延寿技术[M]. 北京:国防工业出版社,2010.

[19] NEUFELD A K,COLE I S,BOND A M,et al. The initiation mechanism of corrosion of zinc by sodium chloride particle deposition[J]. Corrosion Science,2002,44(3):555-572.

[20] NAZAROV A,VUCKO F,THIERRY D. Scanning Kelvin Probe for detection of the hydrogen induced by atmospheric corrosion of ultra-high strength steel[J]. Electrochimica ACTA,2016,216:130-139.

[21] 董超芳,安英辉,李晓刚,等. 7A04铝合金在海洋大气环境中初期腐蚀的电化学特性[J]. 中国有色金属学报,2009,19(2):346-352.